草原文化的生态魂

草原文化的生态魂

CAOYUAN WENHUA DE SHENGTAI HUN

陈寿朋◎著

人民出版社

作 者 简 介

　　陈寿朋，中国作家协会会员，高尔基研究资深专家，享受政府特殊津贴的著名教授，第八、九、十届全国人民代表大会代表，第八、九届全国人大教育科学文化卫生委员会委员。解放战争时期参军，1949年参加渡江战役。1952年毕业于上海俄语学院。曾任北京《人民中国》杂志俄文版编辑。1958年到高校任教，先后在内蒙古大学、内蒙古教育学院等高校任系主任、院长、校长。1988年至1989年以高级访问学者身份留学苏联，1991年再次去苏联进行学术访问。系中国生态道德教育促进会会长、国家林业局专家咨询委员会委员、中国农业大学客座教授、中华名人协会执行主席。出版专著《高尔基美学思想论稿》、《高尔基创作论稿》、《高尔基晚节及其它》、《步入高尔基的情感深处》，译著《论高尔基的创作》、《最初的年代》、《列宁与知识分子》等二十余部。发表小说、散文、评论百余篇，曾多次获奖。

序

环境保护和生态平衡日益成为公众关注和讨论的大问题。经过几十年的实践，大家越来越深刻地认识到，环境保护和生态平衡是可持续发展的基础，没有环境保护和生态平衡，就没有可持续发展。

可持续发展也是建设和谐社会的基础和条件，没有可持续发展，就不可能建设一个和谐社会。

陈寿朋教授是八、九、十届全国人大代表，八、九届全国人大教科文卫委员会委员，中国生态道德教育促进会会长，内蒙古沙尘暴研究治理促进会主席，长期致力于生态道德的普及、推广和研究，在各种场合积极呼吁全社会要建立和普及生态道德的理念，这对于可持续发展、对于和谐社会的建设，都具有很重要的意义。

现在他又写出了《草原文化的生态魂》这部书。

这部书倾注了他对草原人民的深厚感情。内蒙古大草原，是陈教授的第二故乡。他无限热爱这片秀美的山川和生活在这片土地上勤劳、勇敢、善良的各族同胞，与草原文化结下了不解之缘。

　　这些年来，草原上的各族人民团结奋斗，发展是有目共睹的。在这样的大好形势下，重温祖先留下的智慧与经验，强调生态平衡与和谐发展，我们一定会得到很好的启迪。

　　我与陈教授相识多年，他从高尔基研究的学术权威，成为生态道德教育的首倡者和宣传家，使他的桑榆之年的生活闪闪发光。

　　我曾听说，人生有两个黄金时代：一个是青年时代，这个年龄的人充满精力与梦想，生活向他展示了无限的可能性，他有走向光明前途的所有条件；第二个黄金时代是人的六七十岁，这时候的人有了充分的阅历和实践，有了丰富的知识和智慧，只要不懈努力，第二个黄金时代也有可能超过第一个黄金时代。陈寿朋教授就是一个生动的说明。

　　"老骥伏枥，志在千里，烈士暮年，壮心不已。"

　　以此表达对陈寿朋教授的敬意并推荐此书。

　　谨为序。

布　赫

二〇〇七年二月二十日

目　录

草原文化的生态魂
CAOYUAN WENHUA DE SHENGTAI HUN

引　言

　　漫步在中国北方的大草原上，仰望湛蓝的天空，白云在天际淡淡地飘过，仿佛向我们发出会心的微笑；候鸟自由而舒展地飞翔，飞向九重云霄，飞向苍翠深谷。在这片辽阔无垠的土地上，绚丽的风情和悠远的历史伴着生命之绿，在绵延不断的时空中给人们留下了无尽魂牵梦绕的千古之谜。

　　　　敕勒川，阴山下，
　　　　天似穹庐，笼盖四野。
　　　　天苍苍，野茫茫，
　　　　风吹草低见牛羊。

　　这首1400多年前的《敕勒歌》，伴着斗转星移，伴着人间沧桑，一直在祖国北方的大草原上传诵着。她与其他游牧民歌相接相续、共和共鸣，带着深沉与忧伤、凄婉与悠长、雄浑与苍凉，展现着中国北方游牧民族世世代代、生生不息的勃勃生机，呈现出生命

之河的汹涌澎湃。

　　　洁白的毡房炊烟升起，
　　　我出生在牧人家里，
　　　辽阔无垠的大草原，
　　　是我成长的摇篮。
　　　养育我的这片土地，
　　　当我身躯一样爱惜，
　　　哺育我的江河水，
　　　母亲的乳汁一样甘甜。
　　　这就是蒙古人，热爱故乡的人。
　　　这就是蒙古人，热爱故乡的人。

　　歌声是游牧文化发展的最重要的载体，千百年来，马背民族一直用歌声延续着她古老的文明。歌声中有着白云、草地、湖水，有着亲情、爱情、友情，更有着各种生命间的相依相存，以及人与自然的亲近和谐。日月更迭，世事变迁。穿过烽烟消散的历史天空，遥望策马扬鞭的英武骑手，我们便能联想起马背民族金戈铁马、壮怀激烈的悠悠岁月。岁月流转，情怀依然，透过草原牧歌中的蓝天碧野，倾听马头琴声里的历史传说，我们便能深切地感受到马背民族对这片辽阔壮美土地的炽热深情。这就是绵延不断的草原文化的力量。草原不仅造就了马背民族的生命，而且赋予了马背民族的品格。草原文化就是在马背民族与草原相依相存的过程中，得以生存和发展的。在马背民族和草原文化跃动奔涌的大动脉里，始终如一地突现着一个不息的灵魂，这就是生态魂。

在工业文明迅猛发展、生态环境持续恶化的今天，我们情不自禁地把目光投向美丽的草原，投向牧歌飘荡的地方。在那片浩瀚辽阔的疆域上，游牧文化留给我们的记忆是如此的遥远，又是如此的清晰；那段人类与自然和谐相处的时光是那么的令人留恋，又是那么的意义深远。

第一章

人类文明的
生态之旅

人类来自于自然界，人类的一切创造也都来自于自然界。自然环境是人类生存的基础，地球是人类的母亲。

地球是人类的母亲，对今天生活在现代文明中的人类来说，这是一句耳熟能详的话。而在人类的早期，这都是本能而天然的感觉。那时候的人类是自然界的一部分，热爱自然、与自然相存相依是人类的本性与本能。人类的命运深深地扎根于自然界当中，不能理解也不能想象离开自然界的生活。但是，毋庸讳言，人类社会和科学技术的发展不仅提升了人类本身，改善了人类的生活，也破坏了人类对大自然的这种感觉和本能。吉凶相聚，祸福同门，人类就是在这种矛盾和对立中发展起来的。

这里，让我们回溯一下人类文明演进的历史吧。当人类在一个寒冷的新生代坚强地站立起来，迈着蹒跚的步履，满眼疑惑地打量着这个世界的时候，我来自哪里，我身在何处，我要去何方，这些有关人与自然关系的探询就开始伴随着人类直到今天。

　　人类在漫长而艰辛的创造文明的进程中，与自然界水乳交融，生息繁衍，逐步成长。与此同时，从开始的相存相依，到失去本能与感觉，人类对自然界和自身的认识也不断积累和提升。在螺旋式的发展过程中，人类逐步认识到，大自然是地球生物圈里所有生命的共同家园。作为地球生物圈中的一个成员，人类同其他的生命体一样，为了维持自身

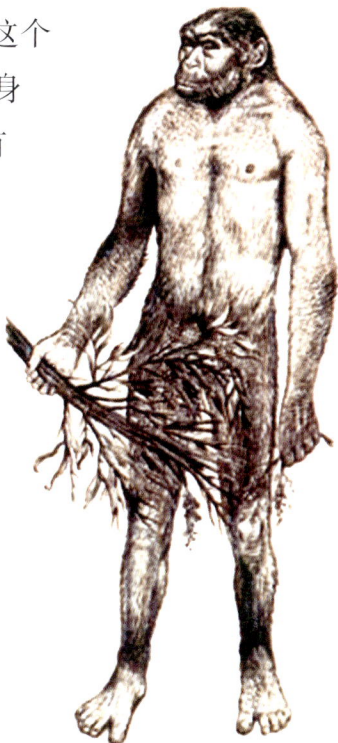

● 当人类在一个寒冷的新生代坚强地站立起来，迈着蹒跚步履，满眼疑惑地打量着这个世界的时候，我来自哪里，我身在何处，我要去何方，这些有关人与自然关系的探询就开始伴随着人类直到今天。

的存在与活动，首先必须同自然界进行物质和能量的交换。没有自然界赋予的生命资源，人类就无法维持生存。因此，自然环境是人类生存的基础，从自然界中获

取能量是人类生存的前提。

这就是人类社会和人所依赖的科学技术否定之否定的发展：从依赖自然到挑战自然，从挑战自然又回到与自然共生共存。

人类文明在初创时期的每个细微的进步，都来源于自然界的恩赐。然而，作为地球上最具智慧的生命，随着自身的成长，人类开始学会认识和利用自然规律，自然界对人类的束缚便日益减弱。人类日出而作，日落而息，逐水草而居，顺江河而下，开始在更广阔的地域迁徙游弋，建造家园。他们凭借自身的智慧，以更积极的方式从自然界中汲取营养。生存于特定自然环境中的人类，能够凭借自身的创造力，针对自然环境的特点选择与之相适应的生存方式，顺应自然法则，趋利避害，获取有利的生存环境，创造自己的文明。

人类从自然界中获取能量的方式，是衡量人类文明的重要标准。国内外学者们的研究表明，自然环境的差异决定着人类与自然之间获取能量方式的不同。按照人类从自然界中获取能量的方式，人类文明可以划分为六种生产方式，即原始狩猎生产方式、原始采集生产方式、牧业生产方式、农业生产方式、商业生产方式和工业生产方式。与以上六种生产方式相关联，人类历史长河中出现过六种文化形态：山野丛林中生活的民族以采集和狩猎为业，形成了原始狩猎文化和采集文化；在荒野草甸环境中生活的民族以畜牧为业，发展出了游牧文化；在江河流域及内陆平原地区生活的人们，造就了农耕文化；在靠近大海的地方，则出现了最早的商业文化；而当地理环境不再成为唯一决定性因素的时候，人类创造了工业文化。需要指出的是，这六种文化是就人类历史的整体而言的，并非某一具体地区或特定民族都要经历这些文化。毋庸置疑，人类的每一种文化形态都与自然生态环境息息相关。

以上六种生产方式并不是直线发展的。比如游牧生活方式，就可考的历史来源而言，几乎所有的民族都经历了这个阶段。并且，有的民族曾处于独立的没有其他生产方式参照的游牧生活阶段，而有的民族在这个阶段上曾与狩猎民族和农牧民族共处一个环境下，这种不同决定了不同游牧文化的内容。

在人类的幼年阶段，与自然界的交流充满了艰辛，它不仅仅以温饱为最基本的生存目标。为了获取生存所必需的能量，人类的智慧在巨大的生存压力之下得到激发，同时，在为生存而努力的过程中完成飞跃。

其实，由于大自然所创造的丰沛的生物能量与人

类本能的摄取能力，人类的早期在一定意义上曾经美满与富足。动物学家在考察食物链中处于未被人类破坏过的原始群落状态时发现，食物链中的某一种群的生活实际上非常有规律与和谐。人类学家则发现，只有在原始人群之间发生第一次争斗之后，血腥才具备了不同于自然的含义。

采集和狩猎是人类最初始的生产方式，也是人类早期从自然界汲取能量最主要的方式。在这个时期，人类以猎取和采集天然物产为主，基本的食物是最容易获得的果实、块根，以及昆虫、蜥蜴等小型动物。人类在这个时期的食物结构仍然以采集的果实为主，天然物产是人类生活的主要依赖。在自然界面前，人类依从于特定的自然环境，并且从自然界中汲取着有限的能量。

狩猎与采集，是人类在大自然的食物链中所具备的本能与自然的生产方式。这个阶段的人类，从其与自然依存的角度来说，是快乐而满足的。由于早期的人类也具备思想和感情，甚至可以说，这个阶段的人类是浪漫而幸福的。

可以设想，早期的人类在大自然中的地位是天然设定的，那时的人类还没有能力去改变和破坏这些天然设定。而且，对于早期的人类来说，除了重大的灾难之外，大自然所提供的能量几乎是无穷无尽的。必须指出，早期人类对灾难的感觉与现代人类是完全不同的。

石器的使用是人类文明重要的里程碑，也是人类挑战自然的开始。当人类学会将自然界中的石头改造为生产工具的时候，便开始进入了石器时代。石器的使用，使人类猎取大型的动物成为可能。有的人类学者调查了现代采集狩猎部落的生活方式，认为石器时代的远古人类很可能也同这些部落一样，使用围猎的方法来猎取较大的动物。随着食物来源的充裕和食物结构的优化，人类也越来越独立于自然。

火是自然界赐予人类最珍贵的礼物。最初的火，来自于大自然界偶然产生的天然火。火的利用不仅帮助人类驱除了黑暗和寒冷，带来了光明和温暖，而且为人类抵御猛兽的侵袭、抗击自然灾害提供了新的手段。更为重要的是，火的使用为人类享用熟食提供了必要的条件，使人类的体质得到了突飞猛进的提高。从此，人类的生存境况得到了极大的改善。正是在这个意义上，多数学者都赞同，火的使用意味着人类文明的真正开始。

人类在自然界的怀抱中孕育着、成长着，相应地，

自然形象和自然观念也在人类与自然的交流中慢慢形成。在原始采集和狩猎文化时期，人类几乎完全依赖自然界而生存，因此，对自然界的顺从和敬畏是这个时期人与自然关系最生动的写照。对于生活在自然之网和食物链秩序中的先民来说，最为合宜的行为模式即是依赖和顺应大自然，或是对大自然进行某种模拟。人类凭借着动物的本能和有限的经验，总是选择那些自然资源丰富、便于解决生计问题、易于产生安全感的生态区域作为自己的栖所，并且以采集和狩猎作为基本方式，对自身所处的生态环境加以认识和体验，逐步实现磨合与适应。

原始采集和狩猎文化时期的人类，无论对自身还是对自然界的认识都还十分稚嫩。人类在与自然进行简单交流的过程中，逐渐形成一些朦胧的观念。思维能力的形成使人类慢慢区分于自然，并且发现自己与自然的不同。同时，他们相信在现实世界之外还存在着某种超自然的神秘力量，支配着人类探求自然界的行动。原始先民对自然的敬畏和崇拜，表现为他们对自然界动植物的图腾崇拜。他们隐约感到，自然环境中的一切都是自己能够在冥冥之中体会得到却又无法把握的"神杖"。对自然的谦逊乃至敬畏，是人类善待自然的心理前提，也是人与自然和谐相处的前奏。

尽管我们尚不能更细致地描绘出原始先民对自然的内在感受，但是，人类学家、生物学家和考古学家们有关人类早期文明的研究成果，让我们有理由相信，人类的进化是地球生物系统演化过程的结果和延续。人类的进化与自然的演化密切相关，人类的思维与行为具有内在的生态性基础，人类文明的第一缕曙光就来自于自然与人类的和谐相依。

农耕文化与游牧文化伴随着新石器的使用而出现，并伴随着青铜器、铁器等生产工具的发明和运用而日益繁盛。农耕文化和游牧文化的历史跨度非常巨大，在产业革命前，农耕文化与游牧文化是人类最基本的两种文明形态。直到后工业时代的今天，这两种文明仍然是人类社会的重要组成部分。

农耕文化与游牧文化的出现在早期人类的群落具有不同、交错的顺序，但就每一个人类群落来说，游牧文化应当早于农耕文化。但由于不同人类群落的不同发展阶段，游牧文化与农耕文化又经常在同一时期产生相互影响。而且，根据考古发现，在早期的人类群落中，渔猎、游牧、农耕文化其实同时存在，早期人类群落的生产方式实际上是多种经营的形态。

　　比较纯粹的游牧部落的出现，可能是他们比较容易获得农业部落的生产物，因而没有必要进行农业生产，因而放弃了包括简单农业生产在内的多种经营方式，形成以流动为主的、在欧亚大陆游牧的生产方式。必须指出，这种独特的游牧生产方式只产生在欧亚大陆，而其他大洲的早期人类中还没有发现这种游牧形式。

　　农业文明以土地为主要的依托。早期的农耕主要依靠天然的土地，工具也极其简单，主要是一些削尖的木棒和简陋的石犁等。由于抗击自然灾害的能力十分脆弱，早期的农业生产不得不经常处于游动状态。随着青铜器、铁器的应用，农业生产工具得到了改进，人类的生产经验日益丰富，防御自然灾害的能力随之不断提高。当原始农业发展到能够提供足够生存能量的时候，人们便开始在精心选择的土地上安家落户，农业从此不再游动。在我国，古代的农业中心最初以黄河中上游流域为中心，后来转移到长江中下游流域。从古代的地理气象资料来看，黄河流域曾是最适合人类居住的地区之一，只是由于游牧民族的不断侵扰，定居于黄河流域的古代先民才慢慢向被称为"瘴气"之地的南方转移。

游牧文明以草原为主要的归依。考古资料表明，远古时期的北方草原是人类活动的重要区域。该地域在新石器时代仍然处于原始农业时期，除作为农业经济的补充而豢养少量的家畜外，并没有出现过游牧经济。直到公元前16世纪或稍早时期，一部分先民逐渐放弃了农业耕作，开始通过牧养家畜来获得必要的生活资料。由于能够从南方的邻居中获得所需的农业生产资料，北方民族才得以发展出比较纯粹的游牧生产方式。当然，这种获得是通过交换和抢夺的方式交替进行的。从此，牧业逐渐成为北方游牧民族成长、繁衍、传承的经济基础。当游牧经济逐步取得主导地位时，游牧文化便作为一种新型的文化在草原上诞生并逐步壮大。

作为平行发展的两种文明形态，农业文明和游牧文明有着各自难以改变的生活方式和社会结构，并且在长期的对抗和交流中各自得到发展。历史文献和考古发现共同证明，农业文化和游牧文化中最重要的文明要素（诸如地域政权的建立和金属工具的发明使用）在形成的时间上是同步的。

农业文化和游牧文化的历史分野，为我们认识人与自然的关系提供了更深刻的启示。那就是，生态环境不仅是人类赖以生产、生活的基础，制约着人类的物质

生活，而且在很大程度上影响和制约着人类的精神生活及其所创造的文化模式；生态环境不仅影响着人类整体的历史演进，而且影响着不同人类群体的文明演进。以民族文化的形成为例，每个民族都生存于特定的自然环境之中，这些民族赖以生存的自然环境千差万别。由于自然条件是提供各民族成员生存的基础，因而，每个民族都必须与所处的生态环境进行磨合适应，按照对所处生态环境的切身体悟来构建自己的文化，并且借助文化的力量对所处的环境扬长避短，以获取更为有利的生存环境。概括地说，地理环境与物产资源是人类社会进行区域划分和社会分工的自然基础，生态环境的差异内在地规约了不同民族文化的性质与样式，使得民族文化的形成具有生态性的本原。

此外，同时存在的不同文化形态彼此之间的影响和渗透，也对每个民族文化的形成起了很大的作用。考古发现证明，游牧文明与农业文明之间交流和影响的力度是现代人无法想象的。而且那时的不同民族与文化实体之间存在着非常紧密而频繁的交往。因而，在农业文明中有着游牧文化的痕迹，在游牧文化中也有着农业文明的烙印。

劳动工具和生产技术的持续创新，是农耕文化与游牧文化共同的、最重要的特征。随着生产技能的提高和劳动知识的积累，人类与自然界交流、对话的能力得到了长足发展。于是，人类能够通过学习而不再是依凭先天的本能来适应环境，并且借助于知识主动选择和创造适宜的环境而获得生存。在农耕文化与游牧文化时期，自然界对人类而言，不仅意味着获取生命能量的源泉，还意味着获取生产和生活资料的源泉。总体上看，农耕文明和游牧文明时期，是人类与自然界关系最为和谐融洽的时期。一方面，人类对自然规律的了解日趋丰富，从自然界获取资源的方式更加多样化和技术化，生存空间不断扩展，生存环境持续改善，生存质量稳步提升，充分享受到了大地母亲赐予人类的宝贵财富；另一方面，人类仍然保持着对自然的尊重和敬畏，同时，努力探寻自然规律，积极顺应生态法则从事生产和生活，逐步形成了较为成熟的自然观，确立了符合生态原则的生产生活方式。

19世纪初，英国纺织厂隆隆作响的机器声，拉开了工业文明的历史序幕。相对于人类文明演进的漫漫岁月，工业文明时代不过是短暂的一瞬，但它的出现却标志着人类历史的巨大跨越。工业文明的到来实现了人类由简单手工劳动到大机器生产的转变，由

直接依赖自然能量到开发利用自然能源的转变。在不到两百年的时间内，人类成功地完成了从蒸汽时代到电气时代直至信息时代的跳跃。工业文明以其前所未有的强大加速力量，推动着人类历史前行的步伐。对此，一些未来学家曾形象地描述道：这是一个财富积聚和知识爆炸的时代。新的知识和技术以几何级数的方式增长，而工业文明以来所创造的社会财富，远远超过了其前自人类产生以来创造的所有财富的总和。

然而，工业文明在给人类带来舒适生活的同时，也埋藏下了人类文明的危机和隐患。工业文明的巨大成果使人们乐观地认为，现代人完全能够有能力征服自然和控制自然。人类开始以地球主宰的身份与自然展开强硬的对话。生产规模的迅速扩大，大批工厂的拔地而起，高耸入云的烟囱喷出的滚滚浓烟，以及隆隆奏响的机鸣声，从此打破了田园的宁静。人类对利润的无限追逐推动着生产资本在全球范围加速流动，随着工业生产遍布全球，工业文明的危机也迅速蔓延。在工业革命所引发的全球性的激烈竞争中，发展工业成为打赢这场有关民族存亡战争最锐利的武器。为此，各国不得不选择走工业化的发展道路，以生态环境为代价投身到这场无休无止、没有赢家的战争之中。在这样的思维模式下，人类对自然资源的掠夺性开发到了近似疯狂

● 工业文明在给人类带来舒适生活的同时，也埋藏下了人类文明的危机和隐患。

的地步。

就在工业文明高歌猛进的时候，自然与人类之间的战争悄悄打响。人类社会在浅尝经济增长的甜蜜之后，开始无奈地自食接踵而来的生态环境持续恶化的后果。20世纪对于人类来说，是一个人类与自然和谐关系破裂，彼此间的冲突日益加剧的时期。表现在，环境污染与生态破坏逐渐由局部区域的个别问题向全球系统性、连锁化地持续蔓延，如气候变化无常、酸雨连绵、臭氧层耗损、有害废气物扩散、生物多样性锐减、水土流失与森林破坏严重等，这些生态危机相互叠加影响，导致足以危及全人类生存与发展的严峻形势。我来自哪里？我身在何处？我要去何方？这些关于人类与自然关系的问题又重新凸显在人类面前，使得如何修复和重建人与自然的和谐

● 20世纪对人类来说，是一个人类与自然和谐关系破裂，彼此间的冲突日益加剧的时期。

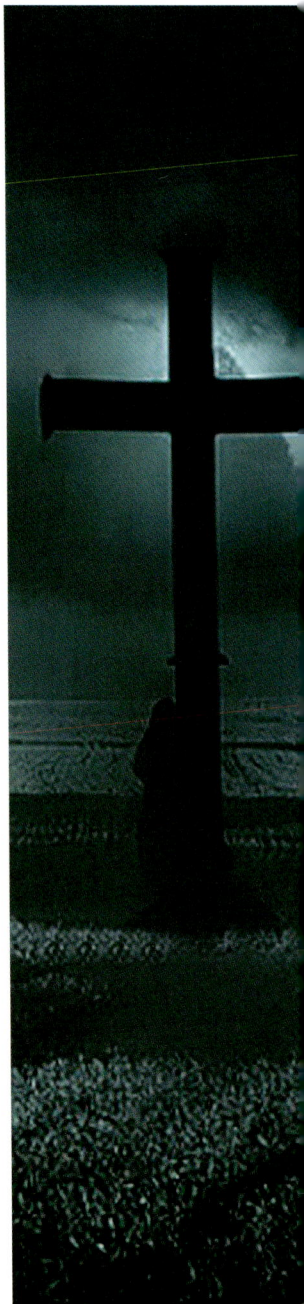

关系成为摆在现代人面前的新课题。

这时，生态学者们用冷静和犀利的目光，重新审视了人类与自然的关系。他们指出，生态危机的解除不会是一个纯粹自然的过程。生态危机既然是由人类引发的，那么，生态危机的解除则必须由人类自身来完成。人类除非以自觉的生态意识反省工业时代的文明观，以平等的心态调整人和自然的关系，尊重自然的尊严，与自然重建和谐共荣的关系，否则，人类就不可能走出全球性的生态危机，也不可能被自然所拯救。

如今生态危机的全球化已唤醒了人类生态安全的意识，保护生态环境、实施可持续发展的呼声日益高涨。当人类满怀期待地呼唤生态文明出现的时候，让我们先来回顾和反思一下人类曾经走过的蹒跚历程，这对于我们确定和发展生态文明的理念，建立生态道德的思维方式，无疑具有重要的现实意义。

二

现在，我们正站在两条道路的交叉口上：一条是我们习以为常的工业文明所坚持的经济无限增长，最后引起生态危机的灾难之路；
另一条，则是唯一可选择的保住地球环境的
生态文明之路。

人类文明的历史是一条连绵不断的长河。

追溯人类文明的源头，我们能够清晰地感到，人类文明的发展史就是一部人类与自然的关系史。人类社会的发展始终围绕着如何处理人与自然、生存需求与资源利用之间的关系而展开。生态学的发展历程，就反映着人类对上述问题的理性思考。

人类生态观念的萌芽来自于人类生存的实践。为了自身的生存，人类不得不对其赖以果腹的动植物的生活习性，以及所处环境中的各种自然现象进行观察。早在远古时期，人类就已经有了对自然环境的朦胧认识。到了原始采集和狩猎文明时期，人类已经开始从事与自然生态相关的浅显的工作。此后，随着人类文明的演进，人类关于自然的认识日益加深。中外古籍中都有关于自然知识的记载，比如，中国公元前1200年的《尔雅》、公元前200年的《管子》、蒙古族的《黑鞑事略》、《大札撒》，以及生活在公元前4世纪古希腊的亚里士多德的著作等。自然知识的积累为人类生态观念的孕育，

● 达尔文

提供了必要土壤。在对自然环境及其规律的认知过程中，人类的生态观念开始悄然萌芽，这种不自觉的萌芽状况一直延续到16世纪。

随着人类对自然认识的加深以及社会经济的发展，生态学在公元17世纪至19世纪进入自觉的创建时期。1859年，英国科学家达尔文出版了《物种起源》（On the Origin of Species）一书，全面提出以自然选择为基础的进化学说，极大地促进了生物和环境的研究，成为人类生物学史上的一个转折点。从达尔文的进化论观点来看，人类与地球上的每种生物都有亲属关系，这不仅在隐喻上或者在情感意识上，而且在严格的生物学意义上都是成立的，因为人类与地球上的所有物种拥有共同的祖先。所有生物，包括人类在内，都是由一个共同的祖先——我们无法确定的数亿年前生存在地球上的细微的有机体遗传下来的。人类是生物进化的产物，这也就内在地要求人和自然在整体上和谐相处。

1866年，德国生物学家海克尔首次提出了生态学的概念。"生态学"的英文"Ecology"来源于希腊文"Oikoslogos"，"Oikos"意为"house"，即住所、家或栖息场所；"logos"意为"study"，即研究，词根与词尾合起来的意思是"生物栖息场所的研究"。海克尔把生态学定义为"研究生物有机体及其环境之间相互联系的科学"，认为"我们可以把生态学理解为关于有机体与周围外部世界的关系的一般科学，外部世界是广义的生存条件"。随后，同时代的生态学家又进一步将生态学概括为"研究生物与其生存环境之间关系的科学"。生态学最基本的特点，即生物具有适应复杂变化的环境的能力，生物与其生存环境构成了一个整体的系统。到19世纪末，随着一批经典论著的问世，生态学作为一门生物学的分支科学诞生。生态学产生的初期，由于生产与自然间的矛盾尚可以调和，因而，生态学对于自然的研究主要集中于自然科学，并没有扩展到社会科学。

发生在 19 世纪末、20 世纪初的第二次工业革命，是人类工业化进程中的第二次飞跃。它从重工业的变革开始，以电力的应用为标志，以产业结构的巨大变化而告终。在第二次工业革命期间，不仅传统的钢铁工业、机械加工业发生了根本性的变化，而且兴起了电气、化工、汽车、石油等一系列工业部门。第二次工业革命是一次真正的巨大变化，它使人类的物质生活得到了巨大的改善，而且远远超过了第一次变革的成果。但是，它也使人类对自然生态环境的侵扰和消蚀达到了前所未有的程度，经济发展与生态保护之间的矛盾日趋尖锐，并使人类社会越来越深地陷入了生态危机。

面对全球性的生态危机，生态学者凭借其敏锐的前瞻力和强烈的责任感，对人类与自然的关系重新进行了审视。生态学家不再单纯从自然科学的角度审视生态问题，而是适时地加入了社会科学的分析方法，着力研究生态问题中所包含的社会性因素。进入 20 世纪 50 年代后，生态学已经打破动植物的界限，进入生态系统时期，其研究范围越来越广泛，并且着力从地球、人类、自然、环境的复合系统的整体，来看待全球的环境问题。美国生态学家奥德姆在《生态学》（1997）一书中提出，生态学是研究生态系统的结构和功能的科学。此后，他还进一步将生态学定义为综合研究有机体、物理环境与人类社会的科学，并以"科学与社会的桥梁"为该著作的副标题，以强调人类在生态学过程中的作用。此时的生态观念已不再是自然科学的一个单纯分支，而是一种解析现代社会问题的全新方法。生态在当今时代已衍化成为一种观念，一种统摄了自然、社会、生命、环境、物质、文化的理论，一种有待于进一步完善的世界观。

在新的生态观念的引领下，人类开始全面关注并深层关怀人类的生存境况。1962 年，美国海洋生物学家莱切尔·卡逊在其具有里程碑意义的名著《寂静的春天》里说，"现在，我们正站在两条道路的交叉口上"，一条是我们习以为常的工业文明所坚持的经济无限增长，最后引起生态危机的灾难之路；另一条，则是唯一可选择的保住地球环境的生态文明之路。1973 年，英国学者阿诺德·汤因比在其著作《人类与大地母亲》中以历史学家的远见卓识，又一次提出了人类面临何去何从的问题。1970 年，罗马俱乐部发表了《增长的极限》，该文一度成为发展环境文化的理论基础。1972 年，人类环境会议在瑞典首都斯德哥尔摩召开，呼吁世界各国共同保护自然环境，标志着生态环境文化的

理念已经成为全人类的共识。1992年，世界环境与发展大会在里约热内卢召开；2002年，可持续发展世界首脑会议在约翰内斯堡召开，确认经济发展、社会进步与环境保护共同构成当今世界可持续发展的三大支柱。如今，生态文化已经演化为世界文化的主流意识形态，成为人类社会和平发展的共同选择。

当回归自然成为生活理想，追求绿色成为时代要求的时候，曾经不被充分关注的游牧文化重新进入了当代生态学的视野。从古至今，以游牧为业的马背民族与大自然始终保持着高度的和谐。这种和谐既体现在他们与动植物之间的密不可分的关系，也体现在马背民族与自然环境之间的和谐共荣。马背民族由于受自然环境因素的制约，以游牧经济为基本生产方式，直接依赖大自然的赏赐而生存，因而对自然环境的依存度较高。在马背民族的历史变迁中，当民族的主体性过度膨胀、对自然不再加以应有的尊重的时候，生态环境就会以某种自然灾害的方式威胁马背民族的生存。基于民族生存的需要，马背民族必须主动调整民族与自然的关系，以尊重和敬畏的心态对待自然。生态就是根植于马背民族心中的标杆，善待自然就是善待马背民族自己。马背民族朴素的生态意识，渗透在他们简约的生产方式中，反映在多彩的文学艺术中，融化在丰富的民情风俗中。马背民族用他们特有的文化方式，将朴素的生态意识内化为牢固的生态情结，将日常的生态观念升华为民族的生态文化，四处播撒，世代相传，最终凝练成为草原文化的生态魂。

生态学的诞生和发展，为研究马背民族的生态文化提供了新的理论，使开掘草原文化的生态价值变为切实可行。当古老的马背民族穿越历史时空向我们走来的时候，展现在我们面前的不仅有金戈铁马的厮杀，更有"风吹草低见牛羊"的生活画卷。马背民族虽历经灾难依然生生不息，草原文化虽流传千年仍然历久弥新，正是因为这一民族拥有沉淀在内心深处亘古不变的生态魂。

必须指出，马背民族的生态观念虽然有其积极的一面，但仍是一种人类早期发展阶段中不自觉的、本能的、朦胧的意识和观念。这种时代与自然的局限性，理应加以充分认识。

同时，必须认识到古代游牧民族与现代游牧民族的根本区别，即成吉思汗时代的游牧民族与明清后的游牧民族以至生活在现代社会中的蒙古民族的根本区别。

这就是说，思想和观念有可能是一脉相承的，但又具有时代和地域的烙印。

三

北方草原文化是人类史上最古老的生态文化，是中华文化大系中历史悠久的文化类型，与黄河文化、长江文化共同组成中华文化的三大源头。

在中国北疆辽阔的蒙古高原上，勤劳勇敢的马背民族世代繁衍生息，在长期的生活和生产实践中形成

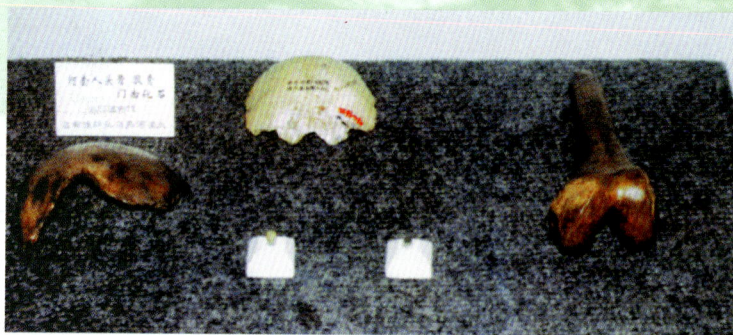

● "鄂尔多斯人"头骨、股骨、门齿化石。

了绵延千年的游牧文明，创造和发展了光辉灿烂的草原文化。

远古时代的北方草原，是人类活动的重要区域。考古学的发现表明，早在公元前6000年~公元前2000年，该地域曾存在着原始农耕文化，如兴隆洼文化、赵宝沟文化、夏家店下层文化、朱开沟下层文化等。此后又出现了游牧文化，如夏家店上层文化、朱开沟中上层文化等。根据这些考古发现与中原地带考古发现的相似性，有些人类学家推测，有可能相当一部分先民都来自这一地区。考古文物的发现也比较充分地证明，人类先民的迁徙与交流是极其频繁的。文化遗址和出土文物显

● 远古时期的北方草原是人类活动的重要区域。图为"鄂尔多斯人"发掘地——大沟湾。

示,夏家店下层文化的居民已经使用了青铜器,而在夏家店上层文化中已经出现包括全套工艺流程的古铜矿遗址。大约在公元前1000年前后,蒙古高原进入了铁器时代,并拥有完备的冶铁和铁器制作技术。铁器时代的这群人,很可能带着铁器文化迁移到了中原地带。从远古时代起, 人类就有从北方迁徙到南方的路线和传统。历史文献则显示,北方草原文化在商周时期就已具备雏形, 物质生活和精神文化都呈现出草原民族的特色,与中原农耕民族存在显著的差异。部分北方游牧民族早在夏朝时期就已经完成了私有化的进程, 民族内部已经拥有等级社会组织。在商周到春秋时期,北方游牧民族的活动范围已不仅局限于蒙古高原地区, 而且扩至今天的山西、河北等地区, 并建立过多个地域政权。考古发现和历史文献共同证明,北方草原文化与中华文化的发展进程是同步的,文化总体发展水平与当时的黄河和长江流域相当,因而,草原文化是中华文化的重要源头。

牧业文化成为北方草原的主导文化,大约开始于公元前16世纪左右。游牧民族的形成和发展过程,也是草原文化的形成和发展过程。游牧民族在形成的过程中,创造了属于自己的文化——草原文化。自从草原文化在蒙古高原上诞生后，其顽强的生命力绵延不绝，生生不息，并且成为此后北方草原最具代表性的文化。

马背民族是草原文化的缔造者。草原文化是民族文化和地域文化的融合体，是历史上曾经生息繁衍在这片土地上的各民族共同创造的。在古代北方草原文化孕育成长的漫长岁月中，曾有西戎、匈奴、鲜卑、突厥、契丹、女真等多个马背民族先后登上历史的舞台。这些游牧民族建立了完备的政治军事制度，创制了自己的语言文字，促进了社会经济的发展。草原文化正是在这些马背民族的培育下日益强壮。

兴起于13世纪初的蒙古族，是北方草原文化的集大成者。作为新崛起的马背民族，蒙古族传承了游牧民族的传统，使草原文化勃发出强大的生机活力，进入到成熟繁荣的时期，在华夏文明史上留下了辉煌灿烂的一页。

草原文化是马背民族的共同创造，是不同游牧文化渗透交融的结果，并且以其自身鲜明的特色和丰富的内涵，对中原的文化产生了重要的影响。中国古代社会历史的变革，是在黄河文化和草原文化的共同作用下完成的，两种文化的碰撞在带来战争和割据的同时，

也促成了融合和统一。中国古代历史发展的主脉，就是在以上两种文化的对话中延续的。

游牧文明的特点之一，是对自然的高度依赖性和在整个欧亚大陆自由迁徙的流动性。举例来说，那时候生活在呼伦贝尔草原的游牧部落，在孩子长到13岁的时候，就一定会迁徙到伏尔加河流域。这种远距离的迁移，主要是由于游牧民族实行严格的异族婚，而严格的异族婚则是基于对怪胎的本能恐惧。这种迁徙象征着草原的恢复能力，而异族婚也使游牧民族形成了强大的繁殖能力。几千年来，游牧民族的人口形成了对农业民族源源不断的补充。在远距离的迁移中，游牧民族也形成了候鸟般的本能与能力，他们对欧亚大陆的每一条河流、每一条山川都有惊人的记忆。

草原文化是极具开放性的文化，它的发育不仅从中原农耕文化中汲取了丰厚的养分，还吸收了古代西域的各游牧民族文化、希腊罗马文化、波斯文化、印度文化和阿拉伯文化等。马背民族以其开放的心态，博采众长，通过学习和借鉴其他文化弥补自身的缺陷，丰富本民族的精神文化。草原文化的影响是世界性的，马背民族通过丝绸之路和草原之路，传播、沟通了中华文明和西方文明，为推动世界文明的进步做出了重要贡献。

此外，蒙古民族的军事征服行动也使草原文化的影响力扩展到亚洲和欧洲的辽阔疆域，对当地文化的发展产生了重要的影响。

地理环境是孕育草原文化的自然基础。萌发草原文化的蒙古高原位于北半球的中纬度地区，处于亚洲大陆中部略偏东。其高原本部四面远离海洋，加之其边缘山脉的阻挡而带有显著的内陆特点。在气候条件上，蒙古高原则具有明显的温带大陆性气候特点。夏季日照充足，降水量稀少，蒸发量却很高；冬春季节，则是大风频繁。这种特殊的生态地理环境，决定了草原文化的自然性和生态性。

游牧生产是草原文化形成的经济基础。马背民族以畜牧业为经济支柱，饲养马、牛、绵羊、山羊及骆驼，生产方式是逐水草而游牧，对草原生态环境的依存度非常高。草原畜牧业就其实质来说，是对复合生物群落的管理，它既包括对植物群落和动物群落的管理，又包括人工动植物群落及野生动植物群落的管理，最终实现各种生态资源的相互依存、合理配置与和谐共荣。可见，马背民族的游牧生产并非像人们通常认为的那么落后和简单，而实际上与农业生产一样包含着复杂的技术要求。草原的游牧活动不是无轨道的游荡生活，而

是遵循着自然规律而进行的周期性、循环性的科学运动。游牧方式能够保障草场的均匀利用和均匀施肥，保障草场、牲畜和人类的健康，有力地阻止超载过牧、滥伐乱垦和生态恶化的发生。游牧生产方式把人—畜—牧草的关系转化为动态的平衡，使三者在变动状态中追求草原生态系统的整体效应，从而实现马背民族经济社会的可持续发展。可以说，游牧方式是牧草、人、畜三者间最佳的选择，也是草原生态环境中最富效能的生产方式。因而，游牧方式是马背民族主动调节民族生存与自然生态环境的合理选择。

生态思想是草原文化的精髓。马背民族在长期的游牧活动中逐渐认识和感悟到，草原是一个复杂的、各个系统关联互动的大系统。在自然生态系统的复杂性面前，传统的经验知识只是对其表征现象的感知和领悟，而对其更深的基本物质运动规律还无法认知和掌握，从而产生了对自然界的崇拜心理。北方游牧民族主要信奉萨满教。萨满教是一种原始的宗教形态，主张"万物有灵论"，主要崇拜自然、天神和祖先，认为草原上的一草一木、飞禽走兽、河流湖泊都有灵性和神性，不能轻易地扰动、射杀和破坏，否则将受到神灵的惩罚。世上万物都是天父地母所生，不仅相互平等，而且亲上加亲。作为天父地母之子的人类，应像孝敬自己父母那样崇拜天宇、爱护大地、善待自然。原始宗教是马背民族确立生态思想的信念基础，内在地规范和约束着游牧民族自觉地顺应自然规律行事。

生活在草原生态系统中的马背民族，生产方式遵从着自然规律，生活习性的细微之处也凝聚着生态之魂，体现着对自然生态环境的深层关怀。作为草原文化的集大成者，蒙古民族在日常生活中，牧人们不会因为个人的利益或生活的方便而破坏自然。蒙古包的支架选择的是树木的枝干，覆盖包体的是家畜绒毛擀成的毡子。从生态学的角度看，蒙古包是人类长久性住宅建筑中用材最少、建筑方式对自然界破坏性最小的建筑；牧人用以取暖和炊事的燃料，是牛羊粪和枯树枝，禁止砍伐树木；同时，他们严禁在河水、湖水中洗涤污物和便溺。马背民族还特别注重对自然资源的循环利用，强调取之于自然、回归于自然的价值取向。马背民族的生活方式虽然看似简单，但这种简约生活方式的背后，实际上蕴涵着对自然能量的节约机制，闪烁着宝贵的生态之光。

马背民族由于拥有不朽的生态魂，因而，其文学艺术呈现了特殊的审美意识，散发着浓郁的生态气息。牧

人们对自然充满着感激之情，讴歌自然是蒙古族民歌的主题之一，他们把大地比做母亲，把草原比做摇篮，把河水比做乳汁……喜欢在质朴优美的艺术形式中直接抒发自己热爱自然、歌颂生活的美好感情。蒙古民族擅长运用各种艺术形式传承生态思想，该民族有这样的谚语："苍天就是牧民眼里的活佛，草原就是牧民心中的母亲。"在蒙古族的一首名为《十三匹骏马》的民歌中，就有这样一段歌词："牧人爱宇宙，宇宙赐给我们以幸福；牧人保护宇宙，苍天交给我们的任务。"蒙古族拥有300余部英雄史诗，而英雄们的主要职责之一就是保护草原生态。这些谚语、民歌和史诗一直在广阔的草原上反复吟诵、世代相传，启迪和警示后世子孙要与自然和谐共荣。

草原文化对生态的保护思想是理性的，它注重通过社会规范约束人们的行为，引导人们树立正确的生态观，进行生态保护和生态建设。在蒙古族的历史上，有多部保护自然资源的法律法规。其早期的习惯法规定，严禁挖掘草地、遗火、春夏季狩猎和污染水源等行为。波斯史学家拉施特在他的著作《史集》中，就曾记载了10世纪蒙古人因为保护草场植被而引发残酷战争的史实。元代以后形成的所有成文法几乎都涉及到了生态问题，对蓄意破坏草场（如纵火）、盗猎等行为制定了严厉的制裁法规，《元典章》、《阿勒坦汗法典》、《喀尔喀法典》等还列出了保护动物的名单，反映了蒙古民族高度自觉的生态保护意识。

草原文化是中华文化大系中历史悠久的文化类型，与中华民族整体文明紧密相连，是具有地域特色和民族特色的综合文化形态。草原文化的形成和发展反映着人类在特定认知水平下，处理人与自然关系的理性选择，它独特的人与自然和谐共荣的生存模式和文化体系，展现了人类在不同自然条件下的创造力。草原文化的特色来源于蒙古高原严酷的自然生态环境，也来自于马背民族大智大勇的生存哲学。关注生态是草原文化的灵魂，草原文化最根本的特点是善待自然、尊重规律；草原文化最鲜明的特色是注重和谐、崇尚自由。正是草原文化中所包涵的关注生态和可持续发展思想，才使得草原文化虽绵延千年却历久弥新。当工业文明所引发的生态危机日益加剧，人类开始寻找人与自然、经济发展与环境相协调的出路时，作为人类历史上最古老的生态文化，草原文化以其内在的生命张力为拓展人类文明的发展路径提供了深刻的启示。

第二章

游牧生产的
和谐之魂

北方草原独特的自然环境，与农耕民族比邻而居的经济条件，使马背民族选择了特殊的"逐水草而居"的游牧方式生息繁衍。在这种自然发生的妥协自然、被动适应环境的方式中，却包含着马背民族在生存发展过程中与自然追求和谐，寻觅共同繁荣的诸多生产和生活要素。这些来自于具体实践、日积月累形成的生存智慧，帮助游牧民族在自身发展的道路上执著前行，生生不息。

而游牧民族在具体实践中日积月累形成的生态智慧，也丰富了生态文明的宝库。

游牧生产是人类顺应自然的选择，同时又是古朴的可持续发展思想的具体实践。

在辽阔的草原地带，游牧曾经是马背民族赖以生存的主要生产方式，而游牧活动中所必需的诸多生产技能，则凝聚和体现着游牧民族最原始的生态观念。游牧民族在掌握了家畜驯养和繁殖技术后，开发出新的财富来源，而其所形成的部落社会制度及军事体制，又提升了游牧民族的生存能力，创造出独特的游牧文明。

北方草原上的游牧民族，历来把动物作为基本的劳动对象。根据考古发掘和史籍记载，游牧民族最初开始驯化动物便与自然环境的变化有关。作为食物链中的一极，捕杀动物是早期人类的主要生存手段，有些人类学家甚至指出，动物食品应该是早期人类能量补充的主要来源，因为群居的人类需要大量的运动，植物性蛋白只能作为次要的补充。

因而，群居一开始乃是围猎的需要，而异族婚源于对怪胎的恐惧，只是人类一种动物性的自我保护本能。

当人群的数量开始增加时，单纯的捕杀已经无法满足群体的需要，于是驯养出现了，而驯养与种植几乎是同时出现的。游牧民族是在后来的发展中才弃种植而独厚驯养的。这除了自然的因素之外，还有社会历史的因素。

　　把一些幼兽和温顺的动物饲养起来，需要时再宰杀食用。这样的活动反复进行，使高原牧人逐渐掌握了各种动物的习性和活动规律。游牧民族最初驯化的动物种类很多，经过漫长的驯化选择和对动物管理技能的总结，最终选择了适应于游牧的马、黄牛、牦牛、骆驼、绵羊和山羊等牲畜。这样，畜牧业走出了第一步。

　　畜养动物的技术产生得更早一些。考古发掘已经证实，北方草原地区在新石器时代仍然处于原始农业时期，家畜豢养是农业经济的补充。后来，由于生存环境的变化，使一部分北方农民转而从事畜牧业。由农业分离出的畜牧业与通过狩猎驯养动物这两种途径共同累积的畜牧技术和经验，构成了日后的大游牧生产技术。随着游牧社会依赖家畜的程度越来越高，畜养动物的数量越来越多，游牧民族又发展出对畜群的配置、控制、放牧等管理技术以满足社会生产的需要，游牧文化也随之逐渐发展成熟。

　　人群、牲畜、草原和游动，是游牧业中相互紧密连接、缺一不可的四

项基本要素。游牧业的所有形式、所有变化和所有问题，都是由上述四项基本要素相互组合、相互影响、相互制约所引发、派生和繁衍而来的。

游牧庄子是游牧区社会最基本的单位。如果说家庭是城市、农村社会的"细胞"的话，那么，牧庄便是游牧区社会的"复合细胞"。这种牧庄，是游牧区的生产、社会和行政的"三合一基层组织"，犹如连接社会枝干与家庭叶脉之间的"梗"。在自然环境严峻、地域

● 人群、牲畜、草原和游动，是游牧业中相互紧密连接，缺一不可的四项基本要素。

辽阔的草原生态环境中放牧，虽然处于分散状态的牧民和牧户可以单独从事放牧劳动，但却无法做到游牧。其原因，一是因为单家独户的牲畜种类多、数量少；二是牲畜具有恋群性，适宜分类编群，合牧管理；三是草场属于游牧社会共同占用的资源；四是游牧迁徙过程中需要大量的劳力和畜力。上述四类因素，使游牧社会形成了数个牧户近亲从居的组织单位——"游牧庄子"。牧庄普遍存在于我国北方六个少数民族的游牧社会中。在蒙古族称为"阿寅勒"（浩特、嘎查），在藏族称为"热果尔"（帐圈），在哈萨克族称为"阿乌尔"，在柯尔克孜族称为"北方阿依尔"，在塔吉克族称为"禾西乃"，在裕固族称为"阿尔楞"。

牧庄是牧民之间互助协作的纽带。这种游牧合作的传统，与广阔的草原下自然环境恶劣等因素有着密切联系。如果不形成一个团结合作的团队和集体，在辽阔草原上遇到暴风雨雪就难以生存，而单个牧户是无法同这些自然灾害抗争的。游牧民族的许多传说和谚语，都生动地表达了团结协作的理念。其中，"折箭训子"、"化铁熔山"等传说，便反映了这种理念。蒙古族有谚云："车有两辕，一辕折了，牛拽不得；车有两轮，一轮坏了，车行不得"，这也反映了齐心协力的道理。为

● 游牧庄子是游牧区社会最基本的单位。

了应对严重的自然灾害和强敌，蒙古族还在普通的游牧庄子"阿寅勒"的基础之上，形成了规模更大的游牧社会组织——古列延。

古列延组织一般是由一个血缘氏族或部落组成的，驻扎营盘时其氏族长老或部落首领居于中间，周围由其属民的帐幕按一定的顺序环绕而成。而移动游牧时，牧民将分别承担各自所分担的畜群放牧任务。倘遇自然灾害或强敌入侵，大家则迅速地聚合起来。古列延的相互协作涉及到营地选择、畜群管理、抵挡灾害、繁殖发展等问题，也是适合大规模游牧时期的经济组织形

态，是一种已经淡去的过去形态。

　　分工是牧业生产的重要管理手段。对于处于分散劳动状态时的个体牧户来说，分工就变得尤其重要。游牧生产是全家人都需参加的活动，因而也需全家人一起过共同生活。通常男子承担牛群、马群的远距离放牧，夜间监护畜群，还担负帐幕的转移等体力劳动；妇女从事蒙古包内外的日常家务，如关照仔畜、挤奶、制

● 古列延组织一般是由一个血缘氏族或部落组成，驻扎营盘时其氏族长老或部落首领居于中间，周围由其属民的帐幕按一定的顺序环绕而成。

作奶食品等劳动；孩子到八九岁时便背起筐篓捡拾牛粪，并帮助家长饲喂羔羊，管理畜群；年迈的老人则承担饲养牛犊或羊羔、修理棚圈等劳动。

游牧就是四季轮牧，其核心和关键是按季转移放牧场地。牲畜是牧民与自然的中介，牲畜只有通过吃草才能存活和繁育。牧民们深刻地了解牲畜与草原的关系，也深深地明白要想保持草原的生态平衡，就必须采用游牧方式。牧草生长于四季分明、相隔有距的广袤地域。牧民通常将草场按季节划分为四季营盘，按季节将牲畜转移到水草丰茂并且气候相宜的营盘内放牧。游牧不仅有利于牲畜防疫、长膘，而且能保持草原生态平衡。此外，由于草杂和运动的原因，游牧的牲畜比圈养的牲畜肉质更好。可以说，游牧是一种适应自然和经济规律的畜牧业生产方式，它并非出于人们的感情和爱好，而是遵循着自然规律进行的周期性的循环运动，具有内在的规律性。

适时转场是游牧生产的关键环节和头等大事。游牧生产对季节时令的要求很高，转移放牧场地必须做到按时、及时、适时。哈萨克族的一句谚语，说明了游牧民按时搬迁的重要性："春季人赶雪搬，秋季雪撵人迁"。把握好转场的时机，既能保证牲畜吃到较多较好

49

春

阉割

春

生产

冬

挤奶

夏

羊群再合

冬

秋

● 游牧就是四季轮牧，核心和关键是按季节转移放牧场地。

的牧草，又能保证放牧场和割草场得到充分合理的利用和及时有效的保护，还能避免灾害性天气所带来的

损失。转场必须有严密的组织和计划，协调一致，有条不紊。转场时，通常要求一个地区或单位成百的游牧户和上万头只的牲畜统一行动。各游牧户的箱柜，必须储备充足的生活用品。马、牛、驼、羊等全部牲畜，必须以牧庄为单位边行边牧。每日的里程要适宜，早起准备，傍晚休歇于近水草之地。游牧民转场搬迁，犹如大部队行军，日程、运载力、路线、歇宿点等都必须提前周密安排。而且，要提前探路和与有关单位商议、协调，以减免各方之间抢先行宿。"先起先宿，吃草尖、饮清水，后行晚歇，啃草根、喝浑水"，这个谚语便是游牧要赶好时令的一个生动写照。

　　游牧的生产方式包含着高超的牧业生产技术。游牧民族很早就懂得，不同种类的牲畜只有按照一定的

比例配置合牧，才能实现对草地的充分利用。这种"五畜"生态组合模式，从现代生态学的角度来看，实际上是在自然选择和人工选择中最大限度地利用了牧草——家畜系统转换率的科学的生产模式。马背民族在游牧生产的过程中，特别注重对自然资源的再利用和牧业生产的可持续发展问题。草原上的牧民主要以干牛粪作为燃料，他们还坚决反对破坏草场、污染水源的做法。这一切都反映出游牧民族爱护自然的生态观和价值取向。这也是游牧文明与其他文明的不同之处，是游牧经济在漫长岁月里得以持续发展的原因所在。游牧民族在生产实践中还积累了很丰富的有关天象变化——天文的知识，了解和掌握了一定的自然变化规律。文献记载，古代蒙古人已经掌握了记录年、月、日、时刻的办法，知道了月亮是由于太阳的照射才发光的道理，因而能够依据季节的特征，合理地安排固定的冬、夏牧场。这样，既便于对牲畜的饲养管理，客观上也为保护草场创造了有利条件。

游牧生产是严酷的，它是人类与自然协调的结果，是牧草、人、畜三者在变动状态中追求草原生态系统的整体效应的最佳选择，也是草原生态环境中最富效能的生产方式。它是古朴的可持续发展思想的具体实践，实现了人类与自然环境的和谐共荣，也是马背民族主动调节民族生存与自然生态环境的合理选择。

二

　　草是马背民族生长的养料，水是马背民族游牧的命脉。保护牧场和河流，就是保护马背民族跃动奔涌的生命之源。

　　作为食物链中的一环，物竞天择的自然规律使人类具有像候鸟一样迁徙的本能。而人类游牧的本能与自然环境密切相关，人类历史进程中的游牧文明只能产生在广袤无垠的欧亚大陆，因为只有这片大陆才能提供游牧生产所必须的草和水。

　　绿色的草滋养着牧人的牲畜，清澈的水哺育着草原上的生命。马背民族对草原和水充满了感恩之情，他们不仅在日常的生产生活中对草原和水倍加呵护，还通过诗歌和音乐表达了对草原和水的一片深情。这种情感历经岁月的积淀，逐步升华为一种天人合一的生态意识。

　　马背民族并不把草原单纯地视为劳动的对象，而是将其当做生产工具一般加以珍惜和爱护。那么，游牧民族是如何维护和保养草原的呢？

　　让我们来看游牧民族是如何划分放牧场与割草场的。从冬季放牧场中划出小片地平、草茂的地方，加以圈围保护，留待秋季割储和冬春时节补饲瘦弱的病畜。牧民们通过对所选草原的围护、灌溉和整理，不仅能使牲畜的补饲水平得到提高，还能有效地摆脱自然的不利影响与制约。此外，放牧场按季划分，让牲畜全年游动放牧，能够充分、合理、均衡地利用草原，维护草原的生态平衡。保持牲畜和草场之间的良性循环，是游牧业生产早期最具历史性的变革。为了实现畜草的良性循环，牧民们在游牧的过程中采取季内定牧的方法，以适应牲畜喜新（草）厌旧的触觉和对不同草种口味的转换。有经验的牧人，通常把牧场按大方位划分为几个区域进行轮牧。应该说，按季划分越细致，这种要求愈易实现。在畜牧业进行社会主义改造前的牧主和多畜户，不仅四季四地轮牧，有的还是四季六地轮牧，即在秋末安排一块配种牧场，在春初安排一片产羔牧场。在目前的畜牧业生产中，一方面由于开荒造田使春秋牧场大大缩小，另一方面由于牧畜归私和放牧场被碎划，造成现今同一牧场往往春秋两季和产配时期重复利用。高强度地使用牧场不仅对配产不利，而且也难实现草质改良。既然牧场腾不出来，就无法做到封闭休牧。

在传统的游牧社会中，畜牧业的生产技术是世世代代连续发展的产物，也是游牧民族生活方式的组成部分。游牧的生产技术虽然没有明确的体制规约，但仍具有其内在的规律和标准。为了充分地保护草原，牧民们需要配套使用多种放牧技术。每日在固定位置饲喂牲畜，谓之舍饲；每日让牲畜在同一地面走动觅食，谓之定牧；每年按季节更迭，让牲畜轮流巡回在同一广阔地域内的不同地段迁徙吃草，称为游牧。三者区分的关键，是牲畜吃食的方式与提供食物的条件。三种技术如何进行组织配置，完全由客观现实来决定，并不能由牧人主观感情的好恶来取舍。在实际的游牧过程中，季间游牧的总日数与定牧的总日数是综合在一起的，并不存在完全意义上的游牧和绝对的游牧。换句话说，在游牧生产全过程中，十之八九的日子实际上是在固定地点放牧，而只有十之一二的日子才是在不同过渡地域游动放牧。在四季转移场地的游牧中，绝大部分的时间是在冬、春秋、夏三地的营盘定牧。四

季间的大区游牧和季节放牧场内的小区游牧相结合，其目的很明显，就是为了以均衡合理利用的方式维持草原的生态平衡。

哈萨克族的一句谚语"勤搬畜肥妇女瘦，懒搬畜瘦妇女胖"，形象地说明了游牧和轮牧的特点。牲畜因为吃到鲜草和少病而上膘快；而牧人，主要是妇女，则因为搭卸毡房、转运器物而劳顿。在传统的游牧生产中，夏季内一般要搬迁两至三次，秋季还有夜牧、坐牧、远牧等放牧方式。在当今的牧业生产中，由于畜均草原面积的缩小和搬迁力量的变弱，通常都只定牧于一地，草原远近不能平衡、合理地加以使用，这就使畜膘的状况大不如前。

许多人以为，游牧民族在上苍赐予的广袤无垠的草原上游荡生活，因而不存在鲜明的土地意识，其实不然。游牧民族对放牧草地的利用和保护，历来十分关心。随季节而移动，本质上就是出于对草地利用的经济上的选择。牧人对放牧地的选择与自然的变化紧密地联系在一起，他们对所生活的草原中的草地形状和性质、牧草的长势、水源的情况等，具有敏锐的观察力。有经验的老牧民即使在夜间骑马，用鼻子就能嗅出周围的土质和牧草的种类。不熟悉草原环境的外地人往往认为茫茫草原千篇一律，而当地的牧民却认为草原上千差万别，并能清楚、准确地区别各自的特征。

在传统的游牧社会，蒙古族对于放牧草地的利用和保护有着一套合理的方式，他们会从"水"和"草"两方面来考虑放牧。从"水"的方面来说，牧场一般限于沿河流湖泊一带的地方；从"草"的方面来讲，每一

● 在蒙古高原的游牧地带，牧民需要根据气候的变化对牲畜的放牧营地进行季节性的更换。（额博　摄）

块牧场承载的牲畜种类和数量是有限的。随季节而移动，本质上就是出于对草地利用的有效选择，否则他们没有必要冒着冬天的严寒冰雪、早春的凛冽寒风与夏日的酷暑虫害，逐水草而牧。

在蒙古高原的游牧地带，牧民需要根据气候的变化对牲畜的放牧营地进行季节性的更换。由于不同的放牧营地的自然气候、地形地势、水源土壤等条件的不同，牧草的类型和生长发育情况也存有明显的差异。因此，为了合理利用草场资源，使牲畜在一年四季都能获得较好的饲草供应，在气候和植被条件差异较大的地方，游牧一年要进行两次，即冬春为一营地，夏秋为一营地。

依据调查，内蒙古锡林郭勒草原在20世纪50年代前的较长时期，牧民每年于阴历三月间，选择无风无雨的日子，先在距离较远的牧地放火，迎接春雨期的到来，以便使牧草得以很好地发芽（20世纪50年代后，这种做法被错误地认为属于破坏草地的落后方式而被取缔）。五月初，牧草开始逐渐生长发育。小畜最先饱青，下羔羊开始断料。除了带犊牛外，牛群开始撒野。于是，牧人们开始驯练、调教二至三岁的马，牧民们搬回蒙古包放牧。如马群500匹为一群，编成数组，30里牧地，只够马群15日就食，然后转移他处，过30日或15日又回到原来的地方，即轮牧。春夏之交，倘有一场喜人的雨水降下，草原就会立刻变成鸟语花香的绿色世界了。这时羊羔可以单独牧放，母羊可以让牧人挤出奶来。夏季来临，牧人们开始给马打马鬃、烙火印，给小马驹去势。此时，马群也开始陆续发情，它们的繁殖期逼近。夏日炎炎，牧人饮马时会特别小心，因为渴马群拥容易挤伤幼驹。有的草地会有醉马草，只有牧人才能对其加以识别，并且设法躲离这样的毒草滩。春天风大，牧马要选择背风的地方；夏季多蚊虫，宜使马群避开低洼湿地；秋天草籽多，水分少，宜让马群经常饮水补充。一直到九月下旬与十月初之间，水草枯竭，牧者开始带马群回家，此时不能远牧，至十一月后赴冬营盘。其他牲畜的牧法虽有所不同，但季节移动却是相同的。"夏天到山坡，冬天到暖窝"，这是牧业生产活动中的牲畜转场对气候变化的一种适应，也是为了给牲畜选择一个良好的气候环境。牧民们还通过长期的实践认识到，部分山地草场和山麓地带草场在水热条件的垂直分布上存在着一定的差异，因此在安排牲畜转场时，还结合了中小地形的局部小气候特点，如坡向、谷地的走向等。暖季草场一般选择在海拔较高的高山、阴

● 夏季来临，牧人们开始给马打马鬃、烙火印；给小马驹去势，这时马群也开始陆续发情，马群的繁殖期逼近。

坡、岗地或台地；冷季草场多选择在海拔较低的向阳、背风的坡地、谷地或盆地。营盘因地势、视草场来设，每组3～5户，相距数华里，一家一户以游牧为主，很少定居。20世纪30年代布里亚特蒙古族的宿营地就是一例，那里一般每个宿营地有3～4户，宿营地之间的距离一般为1公里到2公里之间，最近的地方也有300米的距离。

　　这种格局及轮牧方式，十分有利于对草场的保护。我国许多传统游牧区，至今在放牧中仍较多地考虑草场问题。牧民们会根据不同季节、不同草场质量及不同水源条件，合理安排使用草场，有计划地划分冬春、夏秋两季营地，并按照不同季节进入不同的营地放牧，具有轮牧或半游牧的性质，从而大大减少了滥牧、抢牧与牲畜盲目集中的现象。这是草原民族珍惜草原资源的一个相当大的成就。但是，我们必须遗憾地指出，我国在"大跃进"和"文革"期间曾在牧区常套用农区的做法，搞集中建设，有的还模仿农村的样式建立"牧民新村"，以定居率的高低作为衡量牧区发展的重要指标。由于忽略了安排定居点与草场间的合理关系，使多数定居点的布局不够合理，居民点附近的草场因过度放牧和牲畜的往来践踏而过早地退化、沙化，而距离定居点较远的草场则不能充分利用，牧业生产中的畜草矛盾日益突出。这主要是由于在牧业生产的决策过程中忽视民族文化传统，而又找不到现代科学方法所致。

除了通过游牧、倒场的方式选择草场，并通过这种选择对草场资源进行合理利用和保护以外，游牧民族在生产实践中对于牧畜的管理也体现了马背民族对于草场资源的珍重。草原上的"五畜"，大体包括马、黄牛、骆驼、绵羊、山羊，每一种动物都有各自不同的牧放方法。大畜种如牛、马、驼的公畜要跟群牧放，因为

公畜能对所在的畜群起到保护作用，尤其是公马，几乎可以完全控制畜群。在西部荒漠草原上，骆驼或马一般都是30至50头(匹)为一群，配一头（匹）公畜；牛稍多一些，一群为60头左右。羊群规模如果在地广人稀、水草丰美的地方，可以达到1000只；而在西部的荒漠草原上，却只有300只左右。最值得一提的是所谓的"花群"，就是把绵羊和山羊混在一起放牧。因为山羊敏捷，且相对勇敢一些，可以起到头羊的作用；更主要的则是山羊和绵羊采食牧草不同，将其混在一起牧放可以适当地调剂保护草场。在蒙古族的民间故事里，对于山羊和绵羊混放有下面这样的说法，这个故事也折射出蒙古民族对于动物和植物的爱护：

　　传说原来山羊和绵羊曾经共同生活，绵羊吃得腰圆膘肥，脖子直挺挺的，只能抬头找草尖吃；山羊尾巴小，摆动得特别欢，嘴快，腿也快。它觉得和绵羊共同生活实在别扭，绵羊也看不惯山羊，嫌它轻佻，蹦蹦跳跳，什么高岗陡坡、深谷悬崖都敢去，有事没事总是咩咩乱叫。于是，绵羊常对山羊的轻浮行为倍加指责。这样一来，山羊和绵羊就分了家，各走

各的。过了些日子，绵羊由于走不了远路，把近处的草都吃光了，不仅吃不上草，连水也喝不上，它们没有领路的，一走开就各奔东西，有的吃上了草，有的捞不着，它们各顾各地不停奔走，又不喜欢叫唤和打招呼，互相离得老远总是不靠拢，这样一来不是走失就是被狼吃掉。日子一长，绵羊尾巴小了，脖子也耷拉下来，变得实在不像样子。山羊呢，开始它们行动自如，轻便自在，可是走得快，一跑就是好远。走累了睡起来没有个头，结果不是被虫咬就是被狼吃。分家的结果，使双方都

吃尽了苦头。大家经过一番寻思与合计，都承
认了对方的优点。山羊说：绵羊多而老实，能
稳重地跟着走，有主人跟着，能得到保护；绵
羊说：山羊机灵，是领路的好手，有事还打个
招呼，不会出什么问题。于是，绵羊和山羊重
新和好，共同生活。（《蒙古族动物故事》，胡
尔查译，中国民间文艺出版社，1984 年版）

　　游牧民族对于牧畜的繁殖，也要进行控制和管理。
绵羊通常怀胎六个月，倘在六至八月间交配受孕，则可
在来年一至二月产羔，这样的羊羔叫冬羔；倘在九至十
一月间交配受孕，则可在来年三至四月产羔，这样的羊
羔叫春羔。冬羔和春羔各有所长。冬羔体壮，但过冬需
要充足的草料和设施完好的羔棚。在高纬度严寒的后
山草原，必须多控制繁殖，使羊羔能够出生在春天，进
而使羊羔的成活率大大提高。游牧民族把羊羔当成自
己的孩子，他们希望幼小的羔羊能够躲过严寒而降生。
为此，他们要设法控制牲畜的交配，使之延迟至八至十
月份进行。如果喜得羔羊，则一定要设法让它活下来。
我们常常可以看到，草原上的老阿妈用温暖的皮衣包
裹着一只小羊羔。如果遇到母羊不奶食自己的羔儿，老

阿妈还会用低沉而感人的声调唱一首《呔格歌》（亦称《奶羔歌》）：

> 你那可怜的花脸羔哟，
> 正在吮吸你的乳汁。
> 本是你的亲生羔哟，
> 不该这样嫌弃。
> 呔格—呔格—呔格

> 你那可怜的小白羔哟，
> 正在吮吸你的乳汁。
> 本是你的亲生羔哟，
> 不该这样抛弃。
> 呔格—呔格—呔格

> 本是你的亲生羔哟，
> 应该表示你的亲昵。
> 用你那母亲的乳汁哟，
> 把它喂得肥又肥。
> 呔格—呔格—呔格
> 你的小羔就会繁殖哟，

好像白云飘遍草地。

老阿妈的低声吟唱，竟然会让母羊安安静静地停下来，喂奶自己的羔羊。据说，草原牧人的孩子自小就要与幼畜对话、亲昵、接触，这样，他们就会用一种特殊的声音唤起牲畜的认同。甘青地区的华锐藏族妇女每日清晨挤牛奶时，一定要轻声吟唱"挤奶歌"：

在绿色的草滩上头，
我放牧着一百头白色的牦乳牛。
我挤着甘露般的乳液，
忘不了牦乳牛的恩惠。

在绿色的草滩中间，
我放牧着一百头黑色的牦乳牛。
我挤着甘露般的乳液，
忘不了牦乳牛的恩惠。

在绿色的草滩下头，
我放牧着一百头花色的牦乳牛。
我挤着甘露般的乳液，

忘不了牦乳牛的恩惠。

在游牧民族的内心深处，水与草是紧密连结在一起的。游牧民族逐水草而居，水是马背民族在游动中的命脉，哪里有水哪里就会绽放生命的活力。水作为草原生态系统的一部分，不仅维系着人类的生命，也同样滋养着牲畜的成长。因此，游牧民族视水为生活之源和生命之源，它同草原一样受到敬重。

对河流和湖泊的崇拜，是游牧民族自然崇拜的最普遍表现。游牧民族所尊奉的萨满教认为，每一条河流、每一处湖泊都有一个神专司管理，这些神愤怒时水就干涸或暴涨。人们供奉这些神灵，河湖之水就可以变为圣水，能为人类和牲畜除疾、祛邪、洗礼。蒙古族游牧民认为：水域中有诸多精灵居住，许多小河和溪流都可以兴雨，湖中有湖神叫做昂高·努尔。每逢发生动物流行病时，牧民们就会将家畜赶入湖水洗浴。至今，草原游牧民仍将水、泉等尊称为"圣水"、"圣泉"、"龙潭"、"神井"等等。游牧民族对水的情感，经过其所信奉的宗教已内化为不变的信念。

透过游牧生活的点滴细节，我们能够感受到草与水在马背民族内心深处的沉沉的分量。马背民族始终

满怀着深深的情意，来感念赐予他们幸福的草原和水。正是这种感念之情，为马背民族铸就了不灭的生态魂，那就是：尊重并且感念生命，尊重并且感念自然。

三

在游牧民族中，主人与马的关系是人与动物关系的集中体现，是人与自然和谐相处的缩影和典范。

自古以来，以游牧为业的马背民族和大自然保持着高度和谐。这种和谐，体现在他们与动植物之间的密不可分的关系，体现在人与动植物的相依相存。马背民族的生态伦理观念的一个集中表现，就是对动物和自然的报恩意识。

马对游牧民族具有非凡的意义。游牧民族特别热爱马。在实际生活中，昂首奔驰的骏马是游牧民族狩猎、放牧、迁徙、征战时不可缺少的亲密伙伴。游牧民族生产生活中的大部分时间，都是在马背上度过的，马背成就了游牧民族的事业与梦想，因而游牧民族又被誉为马背民族。在哈萨克民族的人生礼仪中,对一个男孩而言,他所要经历的第一个重要礼仪就是他的出生礼;第二个重要的人生礼仪就是这个男孩的骑马仪式。在北方的各游牧民族中,几乎都有男童骑马礼。骑马礼一般在男童五六岁时举行,孩子要穿上漂亮的民族服装,父母分给孩子一只小马驹,并配上全新的马具和马鞭。马驹被装扮一新,马耳、马脖子和马尾上都会系上色彩鲜艳的布条。男孩子骑上了马,就象征着他生命中第二个征程的开始。哈萨克民歌中唱道:

> 哪里有风哪里就有我黑走马的身影,
> 只要我有梦想,
> 骑上我的黑走马就可以到达。

在蒙古族的民歌中,赞颂或吟唱骏马的民歌更是数不胜数。

在游牧民族中,主人与马的关系,是人与动物的关系的集中体现,是人与自然和谐相处的缩影和典范。

当我们说到马背民族时,当然指的是在生活中从小到大以马为伴的民族。拉第尔在《人类的历史》一书中,曾这样描述中亚的马背民族:"草原上可以找到大

量强壮、长颈的马匹。对蒙古人和土库曼人来说，骑马并不是一种奢侈，连蒙古牧羊人都是在马背上看管羊群的。孩子们很小就学会了骑马，三岁的男孩子经常在一个安全的童鞍上学他的第一堂骑术课。"在辽阔的草原上，马就是牧人身体的延展，生命的延续。马陪伴着牧人的成长，马造就了马背民族厚重的历史。

蒙古族与马相依为命的历史源远流长。在内蒙古草原上，新石器时代的遗址中发现了不少马的骨骼；在阴山岩画中，还展现了牧民骑射围猎，奔驰战斗，以马拉车等各种生动场面。这些在文字产生之前的图画，记录了当时北方游牧民族将马驯养为家畜使用的生动历史。

据一些历史学家考证，最先骑上马背的是匈奴人的祖先。马嚼子、马鞍和马镫，也是匈奴人创造的。从此，马背民族就可以很好地控制马，并且可以站立在马背上做他们随意的动作，扬起马鞭，让飞驰的骏马像神一样疾驰在广袤的土地上。

马是一种十分具有英雄气概的动物，竹批双耳，风入四蹄，龙骧虎视，跃腾万里。马的形象常激发起人们的昂扬奋进之情，奔突四方之志。蒙古族史诗《江格尔》和藏族史诗《格萨尔》中，都频频出现对骏马的赞美。

古史诗《江格尔》中就有这样一段描写：

> 著名的骏马，
>
> 人们把它和野鹿相提并论。
>
> 它的身躯比阿尔泰山、汗腾格里低不了
>
> 几分，
>
> 光溜溜的脊背，
>
> 如同野驴背一样；
>
> 蓬松的鬃毛，
>
> 像火焰在风中飘动；
>
> 长长的颈脖，
>
> 好似野鸭的脖子，
>
> 一眨眼间能踏遍大地的东南西北，
>
> 从不知道什么劳累困顿。

在新疆游牧民族的生活传统中，也有许多写马、爱马的风俗习惯。古代许多马背民族把马奉为战神，例如成吉思汗每次出征时，与军囊并行的是一匹由人牵着的象征战神的白马。在马背民族的心目中，马已不再是一种普通的动物，而成为一种包含着能激励人生的丰富内容的精神形象，一种美好人格的象征。因而，牧马

也是英雄的劳动。

牧人喜欢马，还因为这种动物身上有许多让牧人喜欢的东西，用牧民的话来说，马通人性。把蒙古文化说成是马文化，一点也不夸张。在他们的词汇中，有关马的单词是最丰富的。不同口齿的马有不同的名称，不同色彩的马有不同的名称，他们对马的细微之处的观察达到了明察秋毫的地步。他们把骏马当做最美好的譬喻，总是献给勇敢健壮的青年人，而青年人也把马当做自己的骄傲。他们常说："马给我添上

● 成吉思汗每次出征时，与军囊并行的是一匹由人牵着的象征战神的白马。如今在鄂尔多斯的成吉思汗陵内有匹叫做"温德根查干"的白神马，据说就是那匹神马的化身。（孛尔只斤·图门敖其尔 摄）

了翅膀。"蒙古人的音乐、舞蹈、史诗，无一不和马结下不解之缘，离了马，蒙古文化就会显现出巨大的空白。在游牧民族中，马成了衡量人的"档次"的尺度，那些自视为强者的男性都喜爱举行赛马活动，因为在这种活动中能显露他们的英姿。而且人们就是用赛马的等次来确定人的优劣。

牧人第一次离开地面靠的不是自己的生理器官，而是借助于马背。凭借着马，牧人也创造了人类的生理器官无法达到的速度。游牧民族驯服了马，其意义不亚于当今发明了火箭和航天飞机。马使游牧民族增大了活动能量，增添了冲杀搏击的勇气，加大了力的强度，使地面上的人和马背上的人有了不同的质。骑手和马构成了一幅英雄的画面，草原上不断展现这样的画面，这对牧人的精神是最好的陶冶。当无数个画面汇集在一起并以一个群体出现时，那种凌厉之势给人类带来了多大的胆气和力量！史诗中的英雄、文学中的骑士、社会中的武士，都是人、马、剑的结合，而这种结合又给人类带来了多少浪漫主义的遐想！人有了马，就能在更高的层面上施展平生的抱负。马强化了牧民好动的性格，马平添了牧民狩猎的威力，马营造了牧民休憩的乐园。许多游牧民族都把马背和女人的胸脯，当做寻

找人生幸福的地方。

马的性情是暴烈和刚勇的，牧业民族长久与马相处，就会渐渐被马的气质所感染，具有马的类似禀性。威尔斯在《世界史纲》中引用了拉策尔的一段形容中亚游牧民族性格的话："地道的中亚牧民的性格是拙于口才、坦率、粗犷而天性善良，自豪，但也懒惰、易怒、报复性强……他们的勇气与其说是冷静的大胆，不如说是好斗的突然发作。宗教狂热他们没有，好客是普遍的。"这里反映的，正是马背民族的性格。千百年来，游牧民族的生态环境虽然发生了各种变化，但牧民对马的感情却始终如一。

当牧民在辽阔的空间策马驰骋时，便会产生一种起伏的节奏；当人们沉浸在这种节奏中时，人与自然的律动都会合起拍来。此时，人就会感到不仅抖落了现实社会强加给自己的约束，而且化解了平日里自然和人的对立。

蒙古族视马为神圣的牲畜，他们就像离不开太阳和月亮一样离不开马。在平素，他们虔诚供奉的是"玛尼宏"旗帜上的几匹神马图，把马视为终身最亲密的伙伴。马背民族视马褂、马靴为最庄重的衣服，认为马奶酒是最纯洁吉祥之食物，观看赛马为草原上最欢乐的体育比赛,聆听马头琴演奏为最动听的音乐。马在游牧民族的心中是如此的神圣无比,因而,在鄂尔多斯蒙古族民间流传着许许多多关于马的歌、赞词、祝词和有趣的故事。

我们从远古的英雄史诗《江格尔》中,还能听到一段对骏马的赞歌,那匹骏马的名字叫"阿兰扎尔":

阿兰扎尔的身躯,

阿尔泰杭盖山方可匹敌;

阿兰扎尔的胸脯,

雄狮一样隆起;

阿兰扎尔的腰背,

猛虎一般健美;

阿兰扎尔的毛色,

鲜红欲滴;

阿兰扎尔八十一庹的长尾,

翘立如飞,

阿兰扎尔跑起来,

疾风闪电都不能相比。

阿兰扎尔的脖颈八庹长,

● 马使游牧民族增大了活动能量，增添了冲杀搏击的勇气，增大了力的强度，使地面上的人和马背上的人有了不同的质。（颌博　摄）

天鹅的脖颈一样秀丽。

阿兰扎尔的鬃毛，

湖中的睡莲一样柔媚。

阿兰扎尔的两条前腿，

山上的红松一样峭拔。

阿兰扎尔的双耳，

精雕的石瓶一样名贵。

阿兰扎尔的牙齿，

纯钢的钢刀一样锋利。

阿兰扎尔的双唇，

比鹰隼的双唇还艳丽。

阿兰扎尔的四蹄，

如钢似铁。

阿兰扎尔的眼睛，

比苍鹰的眼睛还要敏锐。

而《成吉思汗的两匹骏马》，叙述的则是一个感人而圣洁的故事：

有一天，成吉思汗的坐骑额尔莫格的骒马（长有犬牙的牝马），生下一对扎格勒（灰白毛相杂）的牡驹。圣主成吉思汗设法让它们分吃了十匹骒马的乳汁，安然度过冬季。年方两岁就开始调教乘骑，三岁便披挂鞲鞍，骑着它们前去围猎。在围猎中，两匹骏马总是表现突出，次次杀死盘羊、灰狼等成群野兽。可是在十万猎军中，从来没有一个人夸奖它们。一次，小骏马狩猎归来，心情悲恸，不愿忍受这种歧视和屈辱，便向大骏马提议离乡远遁。大骏马苦苦相劝，说甘愿负屈受苦，也不忍离开圣主亲朋。小骏马不听劝阻，扔下大骏马，独自向古尔本查布其地方奔去。大骏马不忍弟弟独往，于是便追了上来，相劝无效，也只好随同小骏马逃奔。成吉思汗得知两匹骏马逃走，竟亲率十万大军追捕，没能追上。

两匹骏马逃到阿尔泰山度过了四年时光，小骏马无忧无虑，吃得膘满肉肥；而大骏马却因思念圣主和亲朋，水草难进，身体越来越糟。小骏马出于手足之情，答应兄长一起回到了圣主的马群里。成吉思汗听说两匹骏马返群，慌忙迎接，并热情地向它们问安。当小骏马回答了为什么逃走之后，成吉思汗将

小骏马撒群八年，吊练八个月，又参加了围猎，受到十万猎军的称赞，两匹骏马终于得到满足。成吉思汗加封两匹骏马为"神马"。

循着这个故事，在鄂尔多斯草原上传唱起了一首悠长的民歌：《圣主的两匹骏马》：

> 圣主的两匹骏马哟，
> 那匹小的骏马还在就好。
> 阿尔泰杭盖是大地之高处，
> 两匹骏马是苍天的驹子，
> 没含过冰冷嚼子的骏马，
> 没鞴过汗湿屉子的骏马。
> 没吃过泥土草的骏马，
> 没喝过污浊水的骏马。
> 阿鲁杭盖是马群的牧地，
> 两匹骏马是玉帝天驹。
> ……

蒙古族爱马如子，无马梦寐以求，寝食不安，有了马则不惜耗资配备高档鞍鞯。

赞马的歌有如天上的星星,数不完。有这样一首赞马的歌广为传唱:

要骑的马是柏树湾的良驹,
所备的鞍是檀香木的质地,
脚踩的镫是四雄图的银环,
缚马的嚼是八两重的金石,
手持的鞭是虎皮做的柄把,
绊马的是鹿皮制的羁套。

马背民族对马的赞颂是永远也唱不完的,无论是赛马、远行还是举行婚礼,在不同的场合都有不同的赞马词。请看鄂尔多斯蒙古族婚礼中的《骏马赞》:

在那金色的世界上,
你荡起的一溜烟尘,
就像浩渺的天空下,
升起了长长的彩虹。
你跑到哪里,哪里就留下芳名。
你让谁人骑乘,
他就能百战百胜。

你像是主人家里万世不朽的金果，

你像是英雄身边永远牢固的银镫。

你的骑士长生不老，

你的畜群繁衍不尽。

跨在你的背上的主人哟，

永远幸福安康。

　　草原游牧民对于草场和牲畜的感念，数不胜数。将马作为神圣的代表，说明马背民族对马的特殊感情。其实，游牧人对其他的动物也有保护的意识，这在他们的神话、法律中均有友好的记述。无疑这是他们对自然敬畏的变相的表现。

　　游牧民族奉行生态伦理的另一个体现，就是对自然的责任：要尊重、要保护，而不能破坏。比如，曾有狗救过满族先祖努尔哈赤的命，就有了以后禁止无端杀害家狗以及忌食狗肉的满族习俗。达斡尔族有一首著名的《寻鹰歌》，既表达了他们对猎鹰的亲爱之情，也表达了他们对猎鹰的感激之意：

你是嫌我貂皮手套不洁净，

因为爱恋柳枝的光洁而飞去的吗？

珠喂，珠喂！

你是嫌我猞猁皮手套粗涩，

因为爱恋松枝的柔嫩而飞走的吗？

你是嫌我狐皮手套有异味，

因为爱恋森林的清新而飞走的吗？

珠喂，珠喂！

只要有人擒捉到它，

我将送我的腾霜白坐骑酬谢他！

珠喂，珠喂！

只要有人逮获了它，

我将送我的紫貂皮佳袄酬谢他！

珠喂，珠喂！

　　狩猎是古代蒙古人生产生活中的一件大事，因此，对狩猎资源——野生动物的保护、管理与有效利用，就像对待草原上的其他资源一样，对他们来说是非常重要的。这充分体现了游牧经济与文化的独特个性。

　　马为游牧民族插上了飞翔的翅膀，而他们对马也是关怀备至，甚至对马的热爱在其他动物的身上也得到了推及。在草原上，有关保护动物的习俗是说不完的。大雁从天上落到草原，往往就在草窝里下蛋，这会

狩猎是古代蒙古人生产生活中的一件大事。

引起孩子们的好奇。老额吉只许孩子们站在远处观看，绝不让他们靠近鸟蛋。她会认真地告诫孩子们："你们的影子一遮住鸟窝，大雁就不要小雁了！"游牧民族与动物和谐相依的关系不仅在他们的生活中得到了体现，在他们的法律中得到了规定，还在他们的文学中得到了传承。对家畜给予无微不至的关怀，与它们建立了朋友般的亲密关系，就是马背民族的独特文化，也就是游牧文明的生态魂。

第三章

游牧生活的简约之风

马克思在看待环境与文化的关系时认为："人创造了环境，同样环境也创造了人。"也就是说，人类不仅能够适应和改造生存环境，还能依据所处的生存环境创造文化。

草原生态环境的形成与马背民族生活方式和习惯的形成，是环境与文化相互发展的必然结果。在北方草原地区，生态环境和马背民族的生活方式也经历了一个变动时期，直至草原生态环境的最后形成，马背民族生活方式和习惯的最终确立。在马背民族的生活方式中，总是透露出他们对生态的关注和融合，散落在衣食住行方方面面的生活技能都展现着生态之魂。

马背民族的服饰与所处的草原生态环境存在着对应关系，是游牧民族适应和改造生存环

境的一种文化创造。

服饰是人类文明发展史的显著特征，也集中体现着文化与环境之间的对应关系。生态人类学者在看待环境与文化的关系上，主要存在两类观点，即决定论（又分为环境决定论和文化决定论）和互动论。环境决定论认为，文化形式的外观及进化，主要是由环境的影响所造成的。互动论认为，文化与环境之间是一种对话关系，文化和环境的重要程度因时因地而有所不同，有时文化显得比较重要，有时环境显得比较重要。生态人类学的倡导者、美国人类学家斯图尔德门认为，文化特征是在逐步适应当地环境的过程中形成的，在任何一种文化中都有一部分文化特征受环境因素的直接影响大于另外一些特征所受的影响。因此，环境决定人类服饰的基本款式、薄厚及材质。在不同的气候和场合条件下，人们之所以穿不同的衣服，戴不同的配饰，这是因为人本身的体质适应能力与环境变化之间的差距造成的。

很多人已经注意到，生活在大体相同区域的民族的服饰，有着相同的或者相似的风格款式，如历史上的匈奴、突厥、契丹等草原民族都穿长袍、大靴子。同一

时期阿拉伯游牧民族与亚洲北方民族的服饰也大体相
同，而同一民族的不同部落，如东北亚民族的森林部落
和草原部落的服饰之间，就有很大的差别。这说明，服
饰与百姓的谋生手段——生活方式有着直接或间接的

● 历史上匈奴、突厥、契丹等草原民族都穿长袍、大靴子。

关系。通俗意义的生活方式，就是指百姓的衣食住行。

　　历史上的马背民族如匈奴、突厥和如今的草原蒙古人都穿长袍、系腰带，而同一时期的汉民族——务农者也穿长袍大褂，但不系腰带。汉民穿靴子的习惯也是汉朝以后受北方骑兵的影响而形成的，不过局限于军队和贵族阶层，在祖祖辈辈种地的农民中未能普及。这是因为，放牧和种地是两种不同的生活方式，百姓是从生产、生活的便利出发设计和创造服饰的。生活方式相同的不同民族——甚至生活在地球的不同区域，却能创造出风格相似的服饰，其原因就在于此。当然，不同民族或地区服饰趋于相同的原本动力是文化交流，否则，再相同的生活方式也不能够造就出完全相同的服饰来。

　　蒙古袍就是一个例证。

　　　　　为了握套马杆，

　　　　　接了宽松抬根。

　　　　　为了顶风抵雨，

　　　　　缝制了马蹄袖。

　　　　　为了转身便利，

　　　　　加贴了大外衩。

蒙古袍是蒙古族民众适应高原气候和游牧生涯的一种文化创造，蒙古族民间有许多赞词、歌谣都是赞美蒙古袍的。在雄浑的蒙古高原上谋生，那穿透力极强的凛冽寒风，铺天盖地的皑皑冰雪，马背上漂泊不定的游牧生涯，都

● 蒙古袍是蒙古民族适应高原气候和游牧生涯的一种文化创造。

使蒙古族牧民的生活别无选择，只能定型为与高原气候相协调的模式。千百年来，几经改朝换代、风雨沧桑，而蒙古族服饰中的袍子、腰带、靴子的模式基本未变，就是因为这一民族从未离开过高原，离开过马背，离开过游牧生涯。

曾有学者对蒙古袍进行过专门的研究，发现蒙古袍的样式完全是针对特殊的高原气候环境而设计的，其形制、款式均处处体现着对游牧生活环境的暗合与

顺应，具有极强的实用性。蒙古族牧民大多身材魁梧，所穿的袍子也特别宽大。以北方汉族农民穿的大皮袄来看，一般用四张羊皮足够了。但蒙古人做羊皮袍子，竟需八张羊皮。如此制作出来的皮袍，宽大严实，封闭性强，高领可以抵挡风寒，保护脖颈少灌沙子；大襟很长，又带里襟，扣子错开钉，撩起来干活儿方便，放下来可暖肚防寒。袍子袖长裉肥，骑马时不冻手，套马驯马时腋下也不受憋；袍子下摆修长宽松，骑马不冻膝盖，又可防止蚊虫叮咬。腰暖一根带，扎上宽大的腰带能抵挡寒风，不仅不得腰腿疼病，还能保护心脏，保证骑马时让肋骨稳重垂直。扎上腰带，蒙古袍便又生出许多功能，恰如"袍子赞"所夸："袖子是枕头，里襟是褥子，前襟是簸箕，后襟是斗篷，怀里是口袋，马蹄袖是手套……"这是对蒙古袍功能的准确概括。游牧生活须轻装简从，过去大部分人家都没有被子，睡觉时皆以蒙古袍的里襟为褥，大襟为被，袖子为枕。只有少数富人才有一种特制的睡袍，袖短、身长，也是蒙古袍式的。牧区妇女常以袍子大襟往家兜干牛粪，以做炊用，可见前襟确实可以代替簸箕之用。至于将怀里当口袋，更是比比常见。牧人常将烟、酒、钱等随身之物掖进怀里，同时，左怀里还要掖上蒙古刀，右怀里掖着火镰口袋。

● 蒙古刀与火镰。

在野外放牧时若打住猎物,打着火镰就可以烧肉,掏出刀子就能扒皮。一些牧人甚至将碗筷也装在怀里,进了哪个蒙古包,用自己的刀和碗筷吃人家款待的手扒肉。一件蒙古袍,竟被蒙古族牧民派上这么多的用场,恐怕很难有哪一个民族的服饰功能可与之媲美。穿蒙古袍时,脚下一定要配靴子,传统蒙靴分为皮靴和布靴。皮靴多用牛皮、马皮、驴皮制成。在严冬季节,长筒皮靴里套上毡袜,可耐零下四五十度的严寒。蒙靴多为船形月牙立筒式,乘马伸镫十分方便,在草原上徒步行走时,阻力也小。立筒靴还有一个优点,就是穿上它长时间骑马,小腿肚也不会被马镫擦伤。仅袍、靴两制,已可尽显蒙古族民众非凡的生存智慧以及应对严酷环境的生存能力。

随着时代的变迁和历史的发展,马背民族的生活方式理所当然地也在发生变化,这种变化反映到服饰,影响到其内容风格、款式、颜色和材质。如古代蒙古人冬天穿兽皮长袍,元朝以后改用棉、丝服装。藏传佛教传入蒙古之后,盛行棕红色外衣。近代以来蒙古族人的服饰则受到了内地和世界服饰文化的影响。另外,由于从事传统游牧业的人数逐步减少,蒙古服饰的实用范围也在缩小。与此同时,游牧生活方式也发生了相应的

变化，食、住、行有了与以往不同的新内容。这种谋生方式或多或少的改变，在牧民的穿着打扮中都能得到体现。在大游牧业已经成为历史的今天，牧民们在有限的草场内不需要骑马放牧，自然长袍、大靴子的实用价值被降低，成为一种标志服饰（相当于礼服、宴服），注重表达的是审美价值和文化内涵。我们知道，实用和审美是各民族服饰的两项基本功能，实用是古代服饰创造的基础，而当代服饰更强调美的体现。从广义来讲，美也是一种用途，因此，我们认为服饰永远不能脱离它的实用价值——生活方式。

北方游牧民族服饰的色彩具有鲜明的特色：主张亮丽，摒弃黑暗。他们喜爱红色、黄色、绿色、蓝色，特别是白色。青藏高原上的笨教认为，白色代表善良，而黑色是灾难和瘟疫的根源。藏民们的色彩感应是随着崇高天界的颜色而来的。在藏族起源的神话中，白牦牛是天神的代表；在哈萨克族起源的神话中，白天鹅被看成是天神，又是灵魂的物化；而在蒙古族看来，虽然他们更崇敬青色的天，却称春节为白节，正月为白月，白色是圣洁、吉祥、长寿和善良的象征。

马背民族十分喜爱装饰性的图案，这些图案也都来自于大自然。他们喜爱耸立的群山、澄清的碧水、洁

● 北方游牧民族服饰的色彩具有鲜明的特色。(颖博 摄)

白的云朵和跳荡的火焰。他们喜爱的植物纹饰，有卷草纹、犄纹、盘肠纹、菱形纹等。他们的视野中有各种线，并且善于用直线、曲线、弧线构成正方形、长方形、圆形以及多边形等各种各样的几何图形。他们总是把草原生态的美经过润饰，绣刻在自己的服饰上。

有这样一个趣闻，从一个侧面折射出马背民族对于服饰的心灵感应。蒙古苏尼特部有一个习俗，他们在给小孩子穿新衣时，要把新衣先在自己的家狗身上穿一穿，还要诵念一会儿经文，然后用奶子、奶皮或黄油在新衣的里襟涂抹一下，之后由长辈亲吻孩子的额头，吟诵赞词：

● 马背民族十分喜爱装饰性图案，这些图案都来自于大自然。

在你前袄的下襟上，

小马驹儿撒着欢儿；

在你后背的下襟上，

小羊羔儿撒着欢儿；

在你里面的衣襟上，

沾着油花奶皮儿……

祝福你啊孩子，

永远吃好穿新。

无独有偶，在鄂尔多斯，青年男子要穿新的蒙古袍时，也要由长辈为其举行涂抹仪式，并吟诵祝词：

愿吉祥如意!

为你成吉思汗的兵丁，

试穿新装时，

扣上黄金钮扣。

以奶食行涂抹礼时，

愿你衣领上，

鹏鸟高歌鸣唱；

愿你双肩上，

双鹰腾飞；

愿你前大襟上，

牵了马驹；

愿你后大襟上，

引来羔羊。

愿新衣的主人，

永远平安康泰，

永远如愿以偿!

以上的两个蒙古部落在新衣祝赞中，仍然没有忘记在美好的祝福中带上两个可亲可爱的动物形象：小马驹和小羊羔，用以寄托他们对自己生活的无限热爱。

二

北方游牧民族的饮食文化以乳肉组合的饮食结构为核心，讲究先白后红，具有鲜明的地域特色和民族特色。

在北方草原地区，随着马的驯服和草原生态环境的最后形成，人们迅速转变为游牧式的生产和生活方

式,创造了游牧式的民族文化,包括具有区域性和民族性特色的饮食文化。

北方游牧民族的饮食文化范式,就是与游牧经济相关的饮食结构、饮食器具、饮食相关规定、饮食卫生保健、饮食礼俗、饮食文化交流等,其核心为乳肉组合的饮食结构,并衍生出一系列的饮食文化内涵。这一范式,迄今仍为该地区蒙古民族所继承。

现代北方民族的饮食种类在不断扩大,传统的饮食则主要是肉食和奶食,肉食的主要来源是牲畜和猎获物。然而,对于蒙古民族来说,是不食用狗肉的,因为他们认为狗是一种有灵性的、与人很亲近的朋友。北方少数民族和藏族则绝不食马肉,在他们的眼里,马是一种圣洁的、高贵的动物。一匹马和它的主人保留着一种原始的、庄重的忠诚关系,马绝不会轻意伤害人,特别是儿童。在草原上,一个牧人因为醉酒而倒在路旁,他的坐骑会静静地守待在他的旁边,绝不离开半步。一个自尊心强的骑手会在赛马之前与他的坐骑"倾心交谈",而他的坐骑也会在赛场奋力奔驰,直至献出生命。骑手还会含泪厚葬他的坐骑……一匹马年龄大了,自感大限将至,便会悄悄地离去,以减少主人看到它死亡时的痛苦,等等。草原上关于人马之情的故事数不胜数，因此，大部分蒙古族人（除新疆地区）坚决拒绝食用马肉。

蒙古人主要食用羊肉和牛肉，他们认为，绵羊肉性温，牛肉、驼肉和山羊肉性寒，所以他们在冬天一般多食用绵羊肉，在夏秋

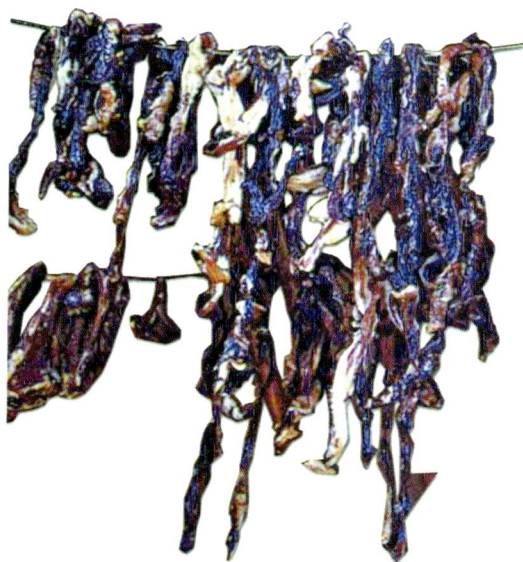

● 蒙古族人主要食用羊肉和牛肉。储存牛羊肉的最好的方法就是将其风干。

季多食用牛肉和山羊肉。牲畜常常在夏秋季抓膘，而冬春又要掉膘，因此，蒙古人每到冬季初冷，即小雪与大雪节令之间宰杀牲畜，以贮存冬春的肉食。无论是在宰牛还是在杀羊之前，牧人们都会虔诚地诵读一番，主要是感念。这一番诵读，常常让人和牲畜掉下泪来。绵羊和山羊在它们是羔羊的时候，都会由主人赋予一些名号。这些名号在草原上的童心里是挥之不去的牵挂，他们焦急地等待着，希望与自己交好的那些名号能够不

● 蒙古人吃羊肉，也有一套仪式。

列入被宰杀的"黑名单"。

　　蒙古人通常选择那些度过寒冬有困难的牲畜进行屠宰，而且宰杀量很少。如果进行交换，他们宁愿用活羊来进行。这种心态，同样可以折射出他们与动物之间灵魂的沟通。羊被宰杀时，它的血一般不让流失，因为

蒙古人认为羊血里寄托着羊的灵魂,因而,羊血大都会被收集起来,然后被人煮食。

蒙古人吃羊肉也有一套仪式,举凡喜庆、待宾、聚会,都要吃整羊。他们把羊头、脖颈、胸椎、四肢、荐骨部和胸脯等各作一件卸开,入白水锅煮至成熟,随即将煮好的带肋条的两只前腿和后大腿,按照羊卧姿势盛于托盘中,然后把荐骨部摆在上边。摆放时,其脊梁向前方即朝向主客(或者年长

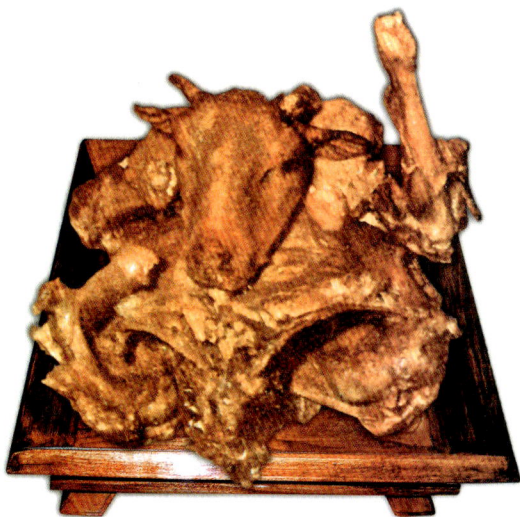

● 全羊

105

者）的方向，再把羊头面向客人（或长辈）放在荐骨上，把胸椎放在右边。

摆放好了以后仍然不能吃，有一个人要来专门分割整羊。分割前，要从羊的各个部位切取一小块置于容器中，拿到屋外进行拨撒祭祀，感激天地苍宇赐福于他们……然后，还要用一些优美的语言对羊、对客、对宴会进行祝赞：

扎——
祝愿吉祥如意!
在湛蓝的天空，
日月是主宰的神；
在斑斓的大地，
山水是灿烂的色彩；
传宗接代的源泉啊，
来自男婚女嫁。
在大家欢聚一堂，
众人兴奋不已，
吉庆祥和之日，
谨将这——
在莫尼山前的

吃着河套水草的，
饮着黄河之水的，
一色万群中，
精心育成的，
肥如脂球，
毛如蛋白，
脊背丰满，
胸脯平正，
尾巴沉甸，
犄角紧结，
耳朵机灵，
眼睛碧蓝，
偶蹄成对，
四肢敦实，
少儿追不上，
老翁捉不住，
如珍似宝的白绵羊，
一件件把它卸开，
作为最高贵的"首思"，
放入大富大贵的锅，
煮成鲜香的羊背子，

装满福禄双全的大盘，

摆放在紫檀桌子上，

用银鞘蒙古刀，

从肥尾的前边，

从胫骨的后边，

一一把它切开，

献给首席上宾，

献给全体贵客，

献给陪客父老，

和那儿女亲家，

还有诸位兄长，

以及围坐一旁的小客人哪。

扎——

共尝这肥美整羊宴！

如此虔敬的盛宴，与其说是对客人的尊敬和对长辈的尊重，又何尝不是对羊的生命的感念和尊重。

牧民平常在家里吃肉，也很节俭。羊骨头一定要剔食干净，绝不允许有残肉留在骨头上。普通牧人早晨用茶泡肉食用，一碗接着一碗地喝茶，肉块始终就是原来的那些。蒙古牧民这种对肉食资源的珍惜、珍重，除了能够表达出某种养生理念外，也反映了他们对生态资源的重视。在蒙古包里，倘有贵客来临，不会首先献上肉食。蒙古族把肉食称做"红食"，把奶食称做"白食"。蒙古有谚云："先白后红"。白就是白色，就是奶食。蒙古人以白为尊，把白色的乳食看成是高贵吉祥之物。如果说一个人的心地像乳汁一样洁白，那么，这个人就得到了最高的赞誉。如果不小心把鲜奶洒倒在地上，洒奶的人常常会大惊失色，因为这是最不吉祥的事了。在某

● 乌审蒙古族传统的食品结构。

● 奶皮、奶豆腐

种意义上讲，对于蒙古人来说，奶食比肉食更珍贵。

为了更有效地保存奶食资源，游牧民族发展了奶食种类。一次生产的鲜奶食用不完，储存就是问题。既然鲜奶如此宝贵，就要换一种方式把鲜奶保存下去，于是，就出现了奶皮子、酸奶、奶油、奶豆腐、奶酪，以至于奶酒。如果把鲜奶兑入煎好的茶水里，就是鲜香的奶茶。

古代游牧民族普遍饮用马奶酒，文献中称之为"马潼"，并且用它来祭奠苍天和祖先。现代奶酒是用蒸馏技术酿造的，如果在牧区正赶上丰收的酿奶酒季节，你同样能听到那美妙的祝酒词：

在那遥远的时候，

圣主成吉思汗年代，

向上苍霍尔木斯塔天，

祭洒白骒马的奶子时，
即已酿造马奶子酒，
抛洒于地祭奠神祇。
以成吉思汗为首的，
草原毡乡众多百姓，
早已制成马奶子酒，
把它当做奶食精华，
当做世间第一上味。
扎——
今日挤下黄骒马奶，
把名贵的奶酒酿造；
明日挤下花乳牛奶，
把甘美的酸奶制造。
愿生产的奶子像江河一样奔流，
愿制成的酒浆像湖泊一样浩荡。
前天的鲜奶，
昨天的酸奶，
今天的奶酒啊，
当聪明伶俐的少女，
干净利落的媳妇，
制成奶酒的时候，

在钢柱铁环炉灶上，
把生铁大铁锅放稳，
再把酸奶盛满其中，
紧紧扣上制酒木桶，
把那生命之火点燃。
那作为顶饰的小锅，
更换一次清泉凉水；
那潺潺流淌的酒浆，
装满坛子溢漫酒瓶。
愿酿造的美酒像大海长流水，
愿制成的佳酿美名传天下！

　　马背民族用这种虔诚的方式，表达其对食物的来源，对与他们息息相关的动物的赞美和感念。同样，狩猎的鄂伦春和农耕与畜牧兼营的达斡尔族，也有着相类似的习俗。鄂伦春人取木为柴，但是很少进行砍伐。他们在茂密的森林里慢慢地寻找着，寻找那些已经枯死的树木，这是不是一种生态自觉呢？当狩猎遇到猎物正在交配时，他们会毫不犹豫地放下手中的猎枪，尽管那是他们最基本的食物来源。

三

　　马背民族以毡帐为居，功能多样，便于迁徙，是世界上最有利于环境保护的地上建筑。

　　居所在一定程度上可以反映饮食团体的稳定性与聚餐形式。北方游牧民族随"水草迁徙"，以毡帐，即蒙古包为居住形式，过着游而不定的生活，习惯在毡帐内架火炊煮，围火进食。

　　蒙古包是典型的草原民族建筑，以其豪放而优柔

● 蒙古包是典型的草原民族建筑。

的独特风姿,伴随着北方牧民走过了漫长的历史年代。

蒙古包,古称"穹庐",是游牧民族神奇的摇篮。

这种建筑不需要土坯和砖瓦,也不用金属,只需要少量的木材、毡子和皮条就能做成,把建造房屋对自然资源的消耗降到了最低点。而且修建时不用挖土夯地,拆卸时不会留下废墟,因而不像窑洞那样给大地留下长久凹陷的疤痕,又不像土木结构建筑,破坏后垃圾成堆,一片狼藉。从某种角度讲,蒙古包应该属于世界上最有利于环境保护的地上建筑。当蒙古包从一个地方搬迁后,过不久你便会看到那里仍然是绿草如茵,生态恢复的速度之快就像在神话里发生的一样。

蒙古包是圆形的,所以在大风雪中阻力小,不积雪,下雨时包顶又不存水。蒙古包的门方形而小,且连着地面,寒气不易侵入;包内的百叶哈纳,用几十根相等的粗细均匀的木棍和皮毛绳连结而成,使用时将哈纳拉开便形成圆形的蒙古包花墙,搬迁时将哈纳折叠合回体积便缩小,又能当牛马车的车板;包的顶端有通风口,可采光,又可使空气流通。总之,蒙古包是游牧者最喜欢的居住用具。蒙古包除了居住的功能外,"太阳计时"功能也是其十分重要的特点。

蒙古包太阳计时,是根据从蒙古包陶纳(天窗)射

● 蒙古包，古称"穹庐"，游牧民族神奇的摇篮。

进的太阳光照到不同位置，比较准确地判断时辰的传统方法。它又通常与传统的十二地支时辰表示法结合使用。

以夏日的时间为例，当夏日东方初晓，第一道晨曦抹在蒙古包天窗之时，便是"寅时"（约为3:00～5:00）或称"黎明时分"。这时，妇女们起床挤奶，男人们去收拢夜间放青的马群。蒙古族有一句谚语称"寅时不起误一天，少年不学误一生"。

当女人们挤完奶、准备好早茶时，男人们从牧场上回家，初升的太阳把金色光芒刚刚洒到蒙古包天窗外框和奥尼（撑包的木杆）上端之间，这已是"卯时"或叫"出太阳时分"（约为5:00～7:00）。

牧民们陆续回到蒙古包来喝茶，尔后把羊群赶往草场。这时，太阳照到奥尼的中段，是"辰时"或叫"早

茶时分"（约为 7:00～9:00）。

太阳照射在哈纳的上端之时，是"巳时"或叫"小午时分"（约为 9:00～11:00），这时牧民们应该把牛羊放牧到离家较远的草场上了，而在家里的妇女正忙于加工奶食品。

太阳照射在上首铺位上时，是"午时"或叫"正午时分"（约为11:00～13:00）。这时牧民们开始给羊饮水，并把放青的羊群收拢起来"午休"，春夏季节里还要挤羊奶。

太阳从蒙古包东北角移到碗橱下摆处，是"未时"或叫"下午时分"（约为 13:00～15:00）。这个时候，牧民们把集中"午休"的羊群重又赶往草场。

● 蒙古包除了居住的功能外，"太阳计时"功能也是其十分重要的功能。

太阳从碗柜处逐渐上移到东哈纳的上端，这段时间相当于"申时"或叫"傍晚时分"（约为15:00～17:00）。这时，畜群开始从草场上返回。

太阳从哈纳头顺着奥尼上移，逐渐从天窗消失，这段时间相当于"酉时"或叫"日没时分"（约为17:00～19:00）。这时，畜群从草场上回到浩特，牛羊哞咩地叫着，妇女们忙着挤奶。

"黄昏时分"或"天黑时分"相当于"戌时"（约为19:00～21:00）。这时挤奶的妇女们提着盛满鲜奶的奶桶往家走，男人们安排下夜后收工回家。

当天空中三星高升之时，这段时间相当于"亥时"（约为21:00～23:00时），草原上万物生灵在大自然宁静的怀抱里进入甜蜜的梦乡。

蒙古人利用日月星辰作计时和导向，是因地制宜的，体现了马背民族天人合一的思想。而牧民在服饰上的天人合一、因地制宜，则更符合生态审美、生态经济和生态适应。现今所谓游牧民定居，并非让游牧民脱离畜群或畜群终年定居一地，而是在季节性定牧时让游牧民居住固定房屋，以便集中议事、行医、施教、抚老、育幼、商贸、农耕、舍饲等。在随畜转移中，自然要携带能随时随地搬迁搭拆的活动房屋——毡房、帐篷，因

其很方便。而在季节性定牧时，住固定房屋就好些——好在不仅能保温抵热，而且比较省事、省钱。因此，妥善解决游牧民的住房问题，就是抓住了游牧民定居的关键和实质。这就要求：游牧民不仅在冬季，而且在春秋季和夏季都能够住进固定房舍以避风寒暑热；房舍不能是简陋、狭矮的人畜共用的单间，而要是人、畜相分的宽敞明亮的套间；不是土石险房，而是砖泥结构的结实房。在与林区接壤的地带，盖房用的木料不难解决。新疆有些牧区已出现了钢筋、水泥建造的穹庐房，外形似毡房，为牧民们所喜爱。即使有了固定的房屋，游牧民也离不开毡房和帐篷。在随畜转移途中，在边远地点放牧，在分群秋配放牧，在合群秋牧中，都需要那种只有顶圈、撑（顶）杆和披毡的锥体形轻便、小型、简易的帐篷。由于便于煮肉、炊食、烧茶、通气、出烟、防热、搭拆搬迁和地面利用经济，暖季游牧民喜欢住毡房，即使已转成农民，有了固定的房舍，他们仍愿置办作为"夏季活动别墅"的毡房，且力求质量上乘。甚至在城镇庭院中，过去来自游牧区的官员，夏季也多搭起毡房消暑。就是说，游牧民定居不仅处处需有宽敞、结实、明亮的人房、畜舍、工棚、围栏，而且还需具备毡房和帐篷，以利生产和生活。在游牧业中，生产和生活高度一致，生活条件的改善，无疑也是生产条件的改变和改善。人房、畜舍、工棚、围栏等，是生活资料也是生产资料。游牧业活劳动的投入与合饲圈养相比相对较少，而物化劳动的投入（特别是草料）更少，其中主要的可说就只是人房、畜舍，不仅多了毡房、帐篷，而且要有固定的房舍。由于现今活畜与畜产品的价格符合或高于价值，游牧业和游牧民的毛收入、净收入都大大提高了，有可能投入适量资金，用以修建、置办

四季全套人房、畜舍，扩大生产和改善生活。这是步入现代化轨道后必要的措施。

只从住房上来说，游牧户全家四季均住毡房者，在新疆解放前较多，现今仍有（多是和静县蒙古族），但为数不多；全家暖季住毡房（有的还辅以远牧帐篷），冷季住土、木、石屋（远牧人携带帐篷）的，现居多数；半（老弱残幼）常年定居土屋，半（青壮）携带小型、轻便帐篷，作季节性夜牧、远牧、抢牧的，在半农半牧区有；冬、春秋与夏均在固定房舍食宿，携带帐篷随畜移牧的，今日为数很少，主要是由于粗毛缺、贵、易损，置办毡房不易，而用木料盖房却较易、经久和经济。由此看来，游牧与活动帐篷、毡房过去有必然的联系，现在这种联系有逐渐变淡的趋势，但无断绝的可能。这是由游牧户使用四季放牧场的日趋固定和四季游牧长期存在这两个因素决定的。三地（夏、春秋、冬）修建宽阔、结实、明亮的成套人房、畜舍、工棚、围栏，四季置备用于远牧的小型、简易、轻便、牢固的帐篷和热天兼搭毡房，都是很必要的，因为这适应牲畜与全家人一起定牧和有时成群牲畜与青壮年远牧的要求。在北方，最善于选择居住场地的是达斡尔族。有谚语云："达斡尔人家的地方用不着怕水

灾。"他们选择居所的眼光和能力，常常让生活在邻边
的蒙古族、鄂温克族所羡慕。达斡尔人在选择屯落地
时，一个重要的条件就是要依山傍水。屯北依山靠林，
屯落坐北朝南，东、西、南面要有开阔的视野，便于
农林牧猎渔等多种经济活动。西北的柯尔克孜族有一
首民歌唱道：

> 鲜花开满碧绿的牧场，
> 草原一派好风光；
> 清澈的流水泛起银花，
> 牛羊马驼多么肥壮。
> 我们的牧场水草丰美，
> 到处是人畜两旺的景象。

这应该是马背民族理想的居住环境。

蒙古族游牧社会中把居住的场地叫做"努图克"。
"努图克"的含意既包括给蒙古包选址，也包括营盘和草
场等意思。四季轮牧的时候，要选择四个"努图克"；两
季轮牧要选择两个"努图克"。选择"努图克"，通常也
叫"看盘"。蒙古族看盘主要从气候、水草以及疫病等方
面考虑，既与经济方式有关系，也与生态环境有关系。

夏营地（白嘎利 摄）

　　春夏之交的游牧，看盘并不太讲究，草茂、向阳就行。夏营地要选择沙葱、柞檬、冷蒿、野韭、山葱等牧草丰富的地方，以及适合远望的高地。这样的地方空气流通，蚊蝇少，并可避洪水。秋营地一般选择籽草丰富的地方，地貌上要考虑避风。草原上春秋风大，因此，要选择山谷或地势较低的地方扎盘。同时，地势如果太高，受风力的作用，草梗枯得早，这也是蒙古游牧民在秋营地选择低地扎营的一个原因。

　　冬营地的选择比较讲究，如蒙古族传说中的那样，好的冬营地恰如敞开蒙古袍端坐在那里的形状：它的背后是巍峨的靠山，它的前面是一望无际的草原。这样的所在，向阳背风，一览无余，令人心情舒畅。最好能在东西两边，特别是西边再有一座起伏的山梁，那么，

● 古代蒙古族的主要交通工具是马、骆驼，运输工具是勒勒车。迁徙或转移牧场时，连同蒙古包一起走。（额博　摄）

这样的地方更是福地。冬营地的场所选好了以后，牵马缓缓行进。如果马儿在什么地方撒尿，那一点便又正好是扎包的最佳处。这种看似迷信的经验，恰好印证了游牧民对马儿的信任和亲爱。在他们的潜意识理念中甚至认为，只要自己的爱马喜欢的地方，就是最好的居住地。

选好"努图克"之后，就要定盘（下盘），也就是建立家园。这个家园是圆形的，称为"古列延"，蒙

古人也称其为"福圈"——由几座蒙古包围起来，构成一个圆圈。它坐北面南，长辈的蒙古包要安在右边（西北），其他牧户依次安在左翼(东北、东)，成半月形排列。如果把长辈的蒙古包安在正北方向，其他人家便要从左右两翼依序住下排列，同样构成一个朝向南面的半月形。勒勒车和大牲口的棚圈，则依序摆放在西南、正南和东南，正好又构成一个朝向北面的半月形，两个半月形合而成圆。这个圆圈的中间是卧羊的地方，靠近包的一边是羊羔棚以及拴牛犊的地方，便于牧人对这些稚弱的生命加以保护。

"古列延"或单个的蒙古包都很整洁，倾倒垃圾或炉灰都有固定的地方，一般选择在"古列延"或蒙古包的东南低洼处，且垃圾和炉灰要分别倒在截然断开的两堆，不能混淆。来客绝不可骑马直入"古列延"的圈子中，也不可随意便溺在"古列延"的周围。古代蒙古族的主要交通工具是马和骆驼，运输工具是勒勒车。迁徙或转移牧场时，连同蒙古包一起走。蒙古族独具特色的居所和交通运输工具，无疑是适应草原游牧生活的一种最佳选择，在客观上减少了对树木的砍伐和对草原的占用，起到了维持生态保护自然平衡的作用。蒙古族保护生态环境的民俗，是基于人与生态互动而产生的。人类的衣食住行取之自然，无疑会对自然环境带来损益性的影响。古代蒙古民族能够积极、能动地在利用自然资源的同时，形成良好的保护生态环境的生活习俗，这无疑是人类文明的重大进步。

第四章

草原文化的
绿色之韵

每一个民族都生存于特定的自然背景之中。生态环境不仅是人类赖以生产、生活的基础，制约着人类的物质生活，而且在很大程度上影响和规约着人类的精神生活以及所创造的文化模式。每一个民族都必须在生态背景之上去构建自己的文化，并凭借该文化去避开其发展的不利条件，获取有利的生存环境。所以说，美与审美，对于人类来说是一种生态性的存在，是人类生存和发展所必须的生态条件和生态机制。

马背民族的审美方式是草原文化的美学基础。一位有名的歌词作家说得好："草原上一切美好的事物都会与日月星辰、山水草木联系起来，成为马背民族的审美寄托。太阳、月亮、星斗、霞光、云雾、彩虹、花朵、草叶，都可能成为美丽姑娘的名字；而矫健的小伙子的名字，往往与江、河、湖、海、山、石、虎、豹相关。当牧人在晨雾缭绕的山坡上信马由缰时，会疑惑自己是在梦境中还是在现实里；当委婉低徊的马头琴声随着晚风飘起时，会产生一种身心融化的迷离感受。

此时此刻，人们一切美好的憧憬都会与大自然的神秘与博大融合在一起。"牧人们喜欢在质朴优美的艺术形式中，直接抒发自己热爱自然、热爱生活的美好感情。在马背民族的观念中，最圣洁的颜色是青（蓝）色，因为这是天宇的颜色；最纯洁的颜色是白色，因为这是奶食的颜色。他们用蓝色表达崇敬，用白色传递祝福。在他们丰富多彩的艺术表现形式中，无论是音乐还是舞蹈，无论是绘画还是史诗，都凝聚和展现着马背民族的宗教信仰和审美价值，那就是对自然的敬畏和对生命的感念。

　　北方游牧民族共同信奉萨满教，相信万物有灵，崇拜自然、天神和祖先，构成了草原生态文化的核心价值。

古代游牧民族在长期的生产活动和经验积累中，逐渐认识和感悟到，草原是一个复杂的、各个系统关联互动的大系统。在自然生态系统的复杂性面前，传统的

● 萨满服饰

经验知识，只是对其表征现象的感知和领悟，而对其更深的基本物质运动规律还无法认知和掌握，从而产生了对自然界的崇拜心理。

　　萨满教是一种原始的宗教形态，也是蒙古族等民族共同信奉的宗教。各民族的萨满教信仰，开始于氏族社会末期。由于当时社会生产力的低下，人们对自然现象不能科学地理解，认为经常带来灾害的山川、河流、日、月、风、雨、雷等和人一样，有生命、有意志，从

132

而产生了对它的崇拜。这种崇拜，实质上是对自然力的崇拜。蒙古人的萨满教已发展到了神灵崇拜的阶段，即认为一切自然物都由神灵主宰，神灵居于自然物内，崇拜的对象不是物体本身而是主宰这些物体的神灵，同时也对先祖的魂灵进行崇拜。萨满教中的"萨满"是满一通古斯语族的语言，其原意为"因兴奋而狂舞的人"，在鄂温克语中有"知晓"、"通晓"的意思。在这里，指的是那些能够传达天意或能够与神灵沟通的人。

萨满教对草原生态的基本哲学理念，体现在"万物有灵论"的信念基础之上，相信万物有灵，主要崇拜自然、天神和祖先。这种信念基础，构成了规范和约束古代游牧人对草原资源加以保护、管理、利用和占有的内在制度之起源的核心价值体系。

16世纪后，藏传佛教格鲁派在蒙古地区逐渐取得意识形态领域的主导地位，长达300多年。尽管如此，蒙古社会仍保持了汗权高于教权的传统。"长生天"为代表的天命论占主导地位，也是蒙古帝国的思想基础。"应天者惟以至诚，拯民者莫如实惠"的理论，则是汉蒙哲学思想互相影响的最好例证。

自古以来，"长生天"就是蒙古族崇拜的最高对象和一切权力的来源。蒙古可汗们的诏书里，开头就用

"长生天底气力"一语。在《蒙古秘史》一书里，有许多处记载了成吉思汗祭天祝祷之事。在当时的人们看来，可汗受命于天，婚姻要得天助，死后也要走上天路。为此，人人敬天畏天，而不敢做背天之事。这是衡量人心的尺度，也是社会公认的标准。其宗教的宇宙观，形成了萨满教，而萨满教正是游牧文化的基础。佛教普及后，在蒙古人的心里，在天上又加上了佛，也就是在原有的尺度上，又加上了佛教的教义与要求。但即使在喇嘛教得到国教的地位之后，萨满教的遗迹仍在民众的习俗中存在着。

威严的可汗和不解的天宇，同样是神秘的。马背民族对于"天宇"的崇拜，由来已久。根据仍然保留在鄂尔多斯的民间传说，"长生青天"可以分为"九十九个腾格里天"，但其中又有十三尊天神是主要的。蒙古人认为：只要有十三尊天神佑助，无论生活、狩猎或是征战，都会立于不败之地。这十三尊天神分别为：上为天神汗腾格里，下为田天神腾格里，中为强有力的人间天神腾格里；北方为三尊领权腾格里，南方为白色星辰腾格里，西方为主英雄腾格里，东方为心脏黑色腾格里，东南方是横跨三棱山的腾格里。这样，东、南、西、东南、东北各有一尊天神，上、中、下各有一尊天神，西

● 鄂尔多斯乌审旗的哈塔斤家族十三尊天神（十三尊阿塔腾格里）祭。（哈斯朝格图 摄）

北有两尊天神，正北有三尊天神，一共是十三尊天神。
在对天神的祭词中，我们可以隐约窥视到天神的形象：

> 我的阿塔天神，
> 你滚滚的雷鸣，
> 在悬崖绝壁回响，
> 让所有蒙古人的知觉一致。
> 你高山般强壮的身躯，
> 如同闪电一样猛烈，
> 你是天上浮云的主宰，
> 长有一万只眼睛。
> 我的救星永恒的阿塔天神!

我们不妨再从那首古老的《母马鲜奶洒祭词》中，
感受一下那些自然之神：

> 献给无所不在的长生天以九个九的洒祭，
> 献给金色的太阳两个九的洒祭，
> 献给牙形的月亮两个九的洒祭，
> 献给吉雅其(牧神)天神两个九的洒祭，
> 献给英雄天神两个九的洒祭，

献给神圣的白骏马两个九的酒祭，

献给阿塔天神以满九的酒祭，

献给汗霍尔木斯塔天以满九的酒祭，

献给冰山之神以满九的酒祭，

献给土地之神以满九的酒祭，

献给汇聚溪流的水神以满九的酒祭，

献给洁白之背以满九的酒祭，

献给所有的湖泊以满九的酒祭，

献给阿尔泰山以满九的酒祭，

献给杭爱山以满九的酒祭，

献给道布汗山以满九的酒祭，

献给扎拉门山以满九的酒祭，

献给兴胡兰山以满九的酒祭，

献给无厄山以满九的酒祭，

献给肯特山以满九的酒祭，

献给克鲁伦河以满九的酒祭，

献给额尔齐斯河以满九的酒祭，

献给奥尔汗河以满九的酒祭。

……

蒙古民族自古崇拜火神。在萨满教中，火为大地母

亲（额都根·额赫）所创造，具有极其广泛的保护作用，我们谨录"祭火祝词"一段，便可窥视到马背民族对于"自然之火"的理解：

> 热力可达上苍，
> 热量可穿地田，
> 以火石为父，
> 以榆绒为子宫，
> 我们向圣主新生的香火，
> 敬洒肥美的油脂！
> 愿兴盛美好政权的可汗哈屯和全体国民，
> 愿你们永享太平安康。
> 以通灵铁石为父，
> 以清澈江河为母，
> 孕育于黄蒿，
> 获命于针茅。
> ……
> 当湛蓝的苍天，
> 高不及屋顶时；
> 当广阔的大地，
> 宽不过脚面时；

我们的火母皇后，
毅然降临人间。
……
当巍巍须弥山，
还是个土丘时，
当浩瀚的大海，
还是个水洼时，
可汗用火石击燃，
母后用嘴唇吹旺。
以火石为母，
以火镰为父，
以岩石为母，
以青铁为父。
青烟穿过云霄，
热量穿透地田，
脸像绸缎般闪光，
面似油脂般发亮。
……
当那江河之源，
刚刚开始流淌，
当那蒙古人种，

刚刚现身世上，
针茅草为生命，
珍馐黄油为食，
黄头白羊为供，
我们的新生火母啊，
向你敬洒肥美的油脂！

从广泛盛行于蒙古草原的敖包祭祀中，
更可以看到马背民族对于自然神的理解：

以至高无上的，
汗霍尔木斯塔天为首的，
暴烈与温驯的安排者，
至大的九十九尊天神。
银色的高山峻岭，
蒙古地方的神明。
金色的山巅峰岚，
人间生灵的神祇。
山神水神山河的庇护神，
敖包所在地的守护神。
以八位白龙王为首，

八十二尊水神。

以暴烈的黑龙王为首，

四十九尊泉水神。

以狂暴的红龙王为首，

三十三尊湖泊神。

江神河神江河的守护神，

泉神水神灵泉的守护神，

参天大树的守护神，

萋萋百草的守护神。

以汗腾格里父为首，

大地母亲，

上苍父亲，

人间的一切神祇，

召请你们前来光临！

从以上列举的诗篇可以看出，萨满教的自然神系统主要以无生命的自然事物和自然现象之神为主。在萨满教的观念中，宇宙万物、人世祸福都是由鬼神来主宰的，所以，在萨满教的自然神系统中，天地神系统占首要地位。如地神，也称地母，掌握万物生长，为了祈求丰收、保佑平安，就要对她进行祭祀；天神（腾格里），即长生天，掌管人世间的万事万物；而敖包作为聚居多种神灵的地方，一般是在山岗、山顶、路旁等地用石块、沙土堆成圆形的土包；蒙古语直译为"堆"，是天神、土地神、雨神、风神、羊神、牛神、马神等神灵居住的地方，每年按季节举行祭祀仪式，由萨满司祭，他们祈求敖包保佑自己的牧业生产。除此之外，他们认为土地、山川、丘陵、湖泊等，均由各个神灵分别掌管。因而，在萨满教的自然观中，自然是神格化和人格化的观念体系，自然崇拜有着一定的伦理基础和逻辑基础。正因为萨满教崇尚的是自然万物有灵论，并且常常把自然事物本身同神灵等同看待，因此对待自然往往是爱护有加，是自然而然的生态保护论者。可见，蒙古族具有优良的生态保护意识传统，这种传统反对对草原、森林、湖泊、河流的滥垦、滥伐和污染。正是在这种优良的传统意识的维护下，在蒙古族的游牧地带，至今能够保留下来"蓝天白云、草原森林、湖泊河流，一片绿色净土"的迷人画卷。

时至今日仍然保存在蒙古习俗中的诸多禁忌，也向我们传递了根植在马背民族灵魂深处的对生命、对自然的敬畏。蒙古族禁忌中强调：忌讳撒倒食物，其罪为暴殄天物；忌讳玩弄食物；忌讳择居于路南；忌讳择居于湖、沼之北；忌讳择居于沟、崖之西南；忌讳择居于高丘之北；禁止欺侮（虐待）牲畜；忌讳从已卧好的羊群中穿过去；忌讳惊动吃草的羊群；忌讳在畜群后扬沙子；忌讳让马驮物的同时吃草；忌讳惊动饮水的马群；忌讳让牲畜饮用脏水；忌讳用拨火棍牧放畜群；忌讳把出汗的牧畜拴在树荫下；忌讳骑乘孕驼和带羔母

驼；忌讳随便剪马鬃；宰羊时忌讳牵拉羊角；忌讳让
被宰杀的牲口感到痛苦；忌讳在棚圈里宰杀牲口；忌
讳用刀或枪杀马；数羊时忌讳用单指点数；忌讳窥看
别人的棚圈；忌讳用树梢、树根作圈栅；忌讳用马缰
捆物；忌讳猎取正在交配的野兽；忌讳虐待猎取之
兽；忌讳猎取哺乳之母兽；忌讳猎杀幼兽……

　　与此相联系，是鄂伦春人的山神崇拜。他们称山
神为"白那恰"，认为山神掌管着山野里所有的走兽和
飞禽，所有的猎物都是山神赐予的，因而供奉唯谨。他
们平时在家吃饭或饮宴之前，都要将饭碗和酒杯端起
来在空中绕几圈，用无名指蘸酒对空弹三次，以示对
山神的虔诚和崇敬。在鄂伦春人的观念中，凡是高山
峻岭、奇峰怪石、悬崖洞窟和古老的树木，都是山神
的所在之处。他们经过那些地方时，不仅不能喧哗吵
闹，还要下马礼拜。鄂伦春人的诸多禁忌，都是来源
于对"白那恰"的敬畏。这种敬畏，其实也是对自己
赖以生存的自然体系的敬畏。

　　萨满教作为一些游牧民族的基本价值体系，维系
着长生天的神秘和权威。同时，出于对自然的不解和迷
惑，对自然的天、地都当做神祇来崇敬。也就在这样的
信仰中，客观上维护了草原生态系统的平衡，维系了马

● 从明代末年到清朝中叶，喇嘛教在蒙古地区非常发达。图为明万历七年(1579年)建成的呼和浩特大召寺。当初明朝万历皇帝赐名为"弘慈寺"，因寺中供奉银制释迦牟尼像，据说，此像为释迦牟尼成道像，所以当时也以"银佛寺"而出名。

背民族的生态魂。

16世纪70年代，阿勒坦汗引入了藏传佛教——黄教，并由土默特蒙古部落传遍整个蒙古地区。从明代末年到清朝中叶，喇嘛教（黄教）在蒙古族地区非常发达。在蒙古的喇嘛教体系中所呈现出来的因果法则、慈悲心怀观念，事实上孕育了人地关系中的一种生态哲学，而此种宗教观又在一定程度上维持了自然的平衡。

不论是传统的萨满教还是黄教，都信奉可汗的权力，也就是支撑长生天的神圣。它们在维系政治的同时，也维系了草原的水草生长。简而言之，它有助于延

145

续他们先祖的绿色的生活状态。这就是潜在的马背民族的文化精神：草原生态魂。

二

> 在草原千年传唱的英雄史诗，寄托着游牧民族的美好理想，表达着对于生命和神圣的美学认识，展现出浓厚的生态气息。

草原上的英雄史诗既是歌曲，可以用来歌唱；也是诗词，可以用来吟诵；更是故事，可以传达迭宕动人的情节。一种形式的史诗能够实现几种审美功能，这与草原游牧生活质朴简约的风格一脉相承，体现出蒙古族文学艺术浓厚的生态气息。

草原上的史诗，表达着马背民族对于生命和神圣的美学理解。在马背民族的心目中，美与生命、美与神圣、生命与神圣是一种什么样的关系，这三者又与灵魂有什么联系呢？

蒙古族的英雄史诗《江格尔》对此曾有这样的描述：

在吉祥幸福的宝力巴地方，

盛夏常驻，没有严冬；

金秋常在，没有寒春；

五畜肥美，不减膘情；

没有死亡，人人长命；

永远保持着二十五岁的音容。

没有贫困，永远富饶；

没有动乱，永远安宁；

没有孤寡，人丁兴旺；

永恒的幸福，伴随着太平。

这是马背民族的美好愿望和理想。而在现实中，他们又是如何理解和处理美与生命、神圣与灵魂的关系的呢？

在中国历史上赫赫有名的成吉思汗，他的幼名叫铁木真。经过16年的征战，成吉思汗统一了蒙古草原各部落，建立了强盛的蒙古汗国，各部首领推举他为蒙古可汗。1227年8月（阴历七月），成吉思汗病逝在六盘山清水的行宫里。他是在听着心爱的女人耶遂唱着他童年喜爱的歌子《怯绿连河的青青河畔草》，永远地睡去的。

按照蒙古族的传统习俗，葬礼是秘密进行的。密葬后盖上厚土，有人守卫，待到第二年草绿丛生、痕迹全部消失为止。陵墓无标志，难于寻觅，故在行葬时特意宰杀了一只羔驼埋在陵前，让母驼看到羔驼被杀的情景，待到拜谒陵墓时，将母驼牵来。母驼一到驼羔被杀害的地方，就发出哀鸣，因此，人们就可以确定陵墓的所在地址。

部下将成吉思汗的衣冠、篷帐、灵柩，运往蒙古故地安葬。灵车经过鄂尔多斯的伊金霍洛时，车轮忽然陷进泥潭。

护灵的成吉思汗四子拖雷闻报，下令用五个部落的人驾马拖拽。一时，马蹄纷杂，鞭声急促，可那轮帐车仿佛生了根，纹丝不动。风沙越发刮得凶，荒草一片片伏倒在地，沙粒击在蒙古勇士的铠甲上沙沙作响。拖雷看到比人还高的车轮下陷的情景，不禁想起随汗父西征路经这片草原时，汗父看到这里山清水秀，草木茂盛，鹿群出没，曾赞叹不已。成吉思汗带领蒙古铁骑横跨欧亚大陆，见识不为不广，可见到这样美丽的地方还是第一次，惊喜得竟将手中的马鞭失落在地上。随从要拾马鞭时，被成吉思汗制止了，他即兴吟诗一首：

花角金鹿栖息之所，
戴胜鸟儿育雏之乡。
衰落王朝振兴之地，
白发老人享乐之邦。

他吩咐道："我死之后可葬此地。"于是，部下将马鞭埋藏到地里，并且在上面立起敖包。

大汗在天有灵，后代不便违拗他的遗愿。于是，拖雷命军中萨满跳起叉姆，下令全军长跪祈祷，请长生天保佑大汗亡灵早升天界。然后，亲将汗父衣冠、篷帐集于一处，装入灵柩，由大军护送至不儿罕山故地安葬；而将大汗的遗体掩埋在从前葬鞭之所，以伊金霍洛作

● 成吉思汗陵

为陵地。此外，留下五百达尔扈特人专门守护祭奉，世世代代延续至今。

伊金霍洛是蒙古语，汉译为"君主的圣地"，位于鄂尔多斯伊金霍洛旗巴音昌霍格河西的包尔陶勒盖北坡上。有一首古老的鄂尔多斯民歌唱道：

> 金鹿游冶嬉戏的富饶之乡哟，
> 戴胜婉转啼鸣的安乐之邦哟，
> 祖祖辈辈供奉圣主的神圣之地哟，
> 八方香客顶礼膜拜的伊金霍洛哟。

这就是马背民族——蒙古族圣主的审美观，进而演化成草原文化的审美观。山清水秀，草木茂盛，鹿群出没，百鸟和鸣，最美的景色，心爱的歌声——这就是生命和灵魂最理想的栖息地。这就是神秘和神圣的统一，人与自然的和谐。

让我们再回到英雄史诗的壮丽情景中吧。《江格尔》是在古老的中亚细亚艺术土壤上开出的一枝奇葩，是世世代代居住在大草原和大山林中的蒙古族游牧民、狩猎民按照自己传统的审美意识创作的艺术珍品，表现出了粗犷、遒劲的草原风格：

宝力巴海波涛汹涌涨满潮，

那海水排山倒海要把赡部洲吞掉。

穿过西吉鲁大草原中部，

明镜似的山丹河长流不息。

高耸的十二座平顶山下，

百川向沙尔达嘎海汇聚。

巍峨的白头山捧日擎天，

山坡上矗立着江格尔的宫殿。

那宫殿高达七千丈，

宽绰如七千个毡房。

它有八十四个哈那，

每个哈那上有千根檀椽。

每个檀椽上都镶嵌着雄狮的獠牙。

金瓦朱楹，富丽庄严，

油漆彩画，夺目辉煌。

这还不够，宫殿的后面伸展着广袤的草场，草场上撒满了珍珠般的牛羊、色彩鲜丽的马群；马群间驰骋着手握套马杆的牧人，草丛中隐藏着身背牛角弓的猎民。这些都是英雄史诗《江格尔》展现的图景。

我国的三大英雄史诗除了《江格尔》外，还有藏族

的《格萨尔》和柯尔克孜族的《玛纳斯》，它们都是草原艺术英雄情结的典型标志。在这些鸿篇巨制的史诗之外，还有许多远古的英雄史诗，向我们传递着草原先民们对于生命和美的感受。蒙古族远古英雄史诗《胡德尔·阿勒泰罕》的《序诗》唱道：

当苍天像马祥扣那么一点小的时候，
当大地像土火盆那么一点小的时候，
百姓的头上没有作威作福的那颜，
人民的周围没有盗贼匪徒的骚扰。
富饶而高耸的阿尔泰山西面，
住着一位勇力无比的可汗，
他的名字叫胡德尔·阿勒泰，
他的英雄业绩在草原流传。
胡德尔·阿勒泰汗的住处，
是一座圆形的宫殿，
宫墙的"哈那"有一百零八面，
宫顶的"奥尼"（撑包的木杆）有整六千，
建造的地基精心挑选，
盖起的屋顶冲入云天。
宫后的草场漫游着紫红的毛扎牛，

唐卡格萨尔像

◉ 玛纳斯

> 宫前的草场静卧着沙丘般的驼群，
>
> 和通的水湾放牧着三十万只绵羊，
>
> 灿烂的阳光下奔跑着八十万匹骏马。

这种极其壮丽的环境渲染，表达了草原先民们审美情感中对于瑰丽、优美环境的热爱。

在我国的现代史上，也出现了一部著名的史诗。蒙古族的另一位传奇式英雄嘎达梅林，用另一种抗争的方式，书写和诠释了马背民族对生命与神圣环境的捍卫：

> 南方飞来的小鸿雁啊，
>
> 不落长江不呀不起飞。
>
> 要说起义的嘎达梅林，
>
> 为了蒙古人民的土地。
>
> 北方飞来的大鸿雁啊，
>
> 不落长江不呀不起飞。
>
> 要说造反的嘎达梅林，
>
> 为了蒙古人民的土地。

清末以来，科尔沁的达尔罕草原经不住外国列强

● 嘎达梅林仅存的一幅画像

的鲸吞和国内军阀的混战，几经沧桑，已先后九次出荒，把成片成片的草原卖给各种各样的垦荒局，致使数以万计的牧人无处放牧。1928年，军阀通过王爷的福晋（妻子）控制达尔罕，将达尔罕的土地全部出荒。如此一来，使这一带广阔的牧场荡然无存，不仅大批牧民流离失所，而且一些蒙古贵族也再无立足之地。于是，牧人、牧主和部分蒙古贵族联合起来，反对出荒。达尔罕王爷在惊恐之际进行镇压，逮捕了聚众上告的领头者嘎达梅林，准备处决。此举惹怒了下层牧人，他们与先前起事的起义首领联合劫狱，一举成功。嘎达梅林出狱后毅然举起"反对出荒"的义旗，招集了几千人马，转战在科尔沁草原上，打击王府势力，捣毁了垦荒局。但是，这支起义队伍在艰难困苦之中只坚持了一年，1931年春被王府和军阀的军队围堵在西木伦河畔，嘎达梅林及其起义者全部壮烈牺牲。

草原，是马背民族生存之本。在马背民族的心目中，她是生命，是神圣不可侵犯的领地。破坏了草原，就是剥夺了牧民的生存之本。为了草原，他们不惜舍弃一切，包括自己最为宝贵的生命。从嘎达梅林的英雄壮歌中，飞出了马背民族保护草原的豪迈和悲壮，萦绕着草原文化无处不在的生态魂。

三

在草原流传的神话传说的背后，能够看到北方游牧民族对于神奇自然的崇敬。

神话是人类的文学样式的源头之一，也是人类认识世界、认识生命的一个起点。草原民族虽然没有留下神话传说的专门典籍，但是从历史典籍的零星记载中，从古老的萨满教的传说、祈祷词及丰富的民间口头创作中，仍然可以找到草原民族神话传说的一些痕迹。我们在这里摘取的，主要是关于自然现象崇拜的一些传说。从这些传说里，同样可以领略到草原民族对于神奇自然的崇敬。

（一）狼、鹿崇拜的神话

《蒙古秘史》开篇的第一句话，就是一个神话的缩影："成吉思合罕的祖先是承天命而生的孛儿帖赤那和

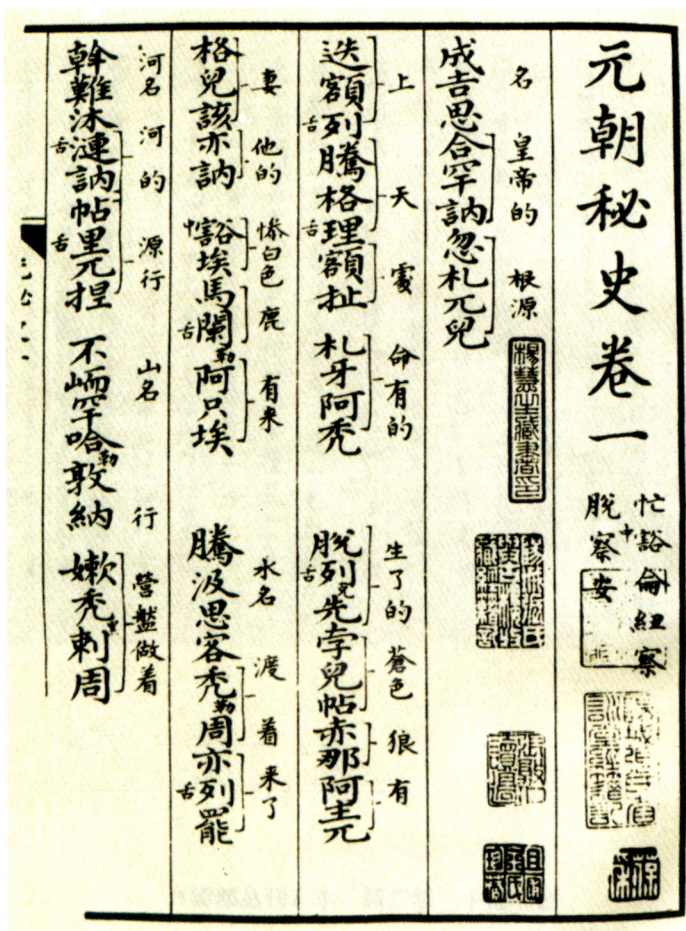

《蒙古秘史》首页

妻子豁埃马兰勒一同过腾汲思海来至斡难河源头的不儿罕山前住下，生子名巴塔赤罕。"《蒙古秘史》的原著版本已经失传，我们今天所看到的，是公元1382年（明朝洪武十五年）由明朝译官火原洁和马沙懿黑按照原著的蒙古语原音用汉字拼写音意并译的。这两位译官在"孛儿帖赤那"一词旁注"苍色狼"，在"害埃马兰勒"一词旁注"惨白色鹿"。这一信息为后世的蒙古史学家反复诠释，仍然没有离开狼、鹿两个动物的形象。

　　根据历史典籍记载，北方草原许多民族都有过狼崇拜的现象。《魏书·高车传》中说，匈奴和敕勒存在狼崇拜；《隋书·突厥传》则记载，突厥民族存在狼崇拜；13至14世纪以回鹘文抄写流传的英雄史诗《乌古斯传》里，也记载了回鹘人有过生动的狼崇拜神话。《蒙古源流》卷四记载：成吉思汗兵行西夏途中，在杭爱山地方设围捕猎，特别告诉属下：今天我们圈围的中间，有一只草黄母鹿和一只苍色的狼，千万不能伤害它们，放它们生路。这说明，蒙古族曾将狼和鹿作为神兽加以保护。

（二）熊崇拜

　　在北方草原，布里雅特和达尔哈特人都崇拜熊。根

据蒙古国学者策·阿龙喜的著作《蒙古人的几种熊崇拜》的记载，布里亚特人和达尔哈特人都要遵循自古以来传承的"熊祭仪"，即在猎熊时要举行一些奇特的祭祀仪式。在这两个部族中，流传着这样一则神话故事：

> 一个女人与一只熊相遇，并逐渐熟悉接近。后来，这个女人生下了与熊相似的几个孩子，把孩子养大后，她又回到了熊那里。她临行前留下话："三年内不要杀熊，那样做就等于杀死了我。"但是，孩子们还是违背了母亲的告诫，第三年头上杀死了一只熊，当剖开熊腹时，竟看到那个女人的乳房在里面。

青海柴达木地区的藏族人和蒙古人都崇拜熊，他们称熊为"天狗"。有另一则神话故事这样说：

> 有一个年轻的女人，名叫"灰腾"（意为冷）。一天，她进入猛兽出没的夏赛义日山中，正当她深恐进入绝境而徘徊时，一个绿色的猛兽悄然出现在她附近。她见了大吃一惊，吓昏过去。这个野兽十分怜惜这个被吓坏了的

女人，给她送来了食物，亲切地照顾她。不久，他们相互依恋，同居生活，生了一只熊。

熊崇拜产生的"熊祭仪"和与熊有关的习俗禁忌，除布里亚特和达尔哈特人之外，尚有鄂伦春人和鄂温克人都普遍存在着与此相近的习俗。

（三）牤牛崇拜

牤牛崇拜也是布里亚特蒙古人的信仰。布里亚特人有一则神话传说，表达了这种信仰：

传说牤牛那颜本是天之子，然而他却披着牤牛皮貌似牤牛，在人群中行走。在这期间，他向台吉、可汗的公主使眼神而使之怀孕。后来，由他使眼神而妊娠所生的两个男孩，成了宝拉嘎特、依黑日特一系的鼻祖。

（四）天鹅崇拜

蒙古高原上曾有许多民族或部落将白天鹅作为吉祥的象征，甚至将其奉为神鸟或"翁衮"加以祭祀。当春季天鹅北归时，蒙古巴尔虎和布里亚特人便要以洁

白的鲜奶祭洒，并且吟唱："天鹅飞来，冰雪消融，花骒马生驹，迎接福禄来。呼瑞！呼瑞！呼瑞！……"而一则关于天鹅的神话，则流传在布里亚特蒙古人中：

相传，有一位单身青年叫霍里土默特。一天，他在贝加尔湖湖畔漫游时，见从东北方向飞来九只天鹅落在湖岸，脱下羽衣后变成九位仙女跳入湖中洗浴，于是，他将其中一只天鹅的羽衣偷来潜身躲藏。浴毕，八只天鹅身着羽衣飞去，留下那只找不到羽衣的天鹅做了他的妻子。当这位天鹅妻子为他生下第十一个儿子后，她思念家乡，想回故里，请求霍里土默特还她的羽衣，丈夫当然不肯。这一天，妻子正在做针线活，霍里土默特则拿着"抓手"（防止烫手的毡片）做菜烧饭。妻子说："请把鹅衣给我吧，我穿上看看，我要由包门出进，你会轻易地抓住我的，让我试试看吧！"霍里土默特想："她穿上又会怎么样呢？"于是，便从箱子里取出那件洁白的鹅衣交给了妻子。妻子穿上鹅衣立刻变成了天鹅，在房内舒展翅膀，忽然，刷地一声展翅从天窗飞了出去。"啊哟，你不能走，不要走呀！"丈夫惊讶地喊叫，慌忙中伸手抓住了天鹅的小腿，但是，天鹅最后还是飞向了天空。霍里土默特对她说："你要走就走吧，但要给咱们的十一个儿子起个名啊！"于是，妻子给十一个儿子分别取名为：呼布德、嘎拉珠德、霍瓦柴、哈勒宾、巴图乃、霍岱、呼希德、查干、莎莱德、色登古德、哈尔嘎那，还祝福说："愿你们世世代代永享福分，日子过得美满红火吧！"说完之后，便向东北方向腾空飞去。后来，这十一个儿子又成为十一位父亲，代代繁衍。

（五）鹰崇拜

如果要讲北方民族信奉的萨满教，就不能不提鹰的形象。萨满教说：

鹰是天的神鸟使者，它受命降到人间和部落头领成婚，生下一个美丽的女孩。神鹰便传授给她与天及众神通灵的神术，并用自己的羽毛给女孩编织成一件神衣，头上插上了羽毛做的神冠，让她遨游天界，把她培养

成了一个了不起的世界上最早的"渥都根"（萨满师）。

还有一则神话传说，也是关于鹰崇拜的。

世间之初，人间没有病，也没有死。过了不久，恶鬼向人间洒下病和死，人们开始受苦。这时，众神就派鹰从天上来到人间相助。但是，这特意派下来的鹰好不容易降到地上，地上的人们既听不懂它的话，又无法弄清它来到人间到底是为什么。不得已，鹰只好返回天上。众神见鹰未完成任务，便想出办法让它到地上以后向最早遇到的人传授萨满的本领。这样，鹰再次来到人间，一眼就看到一棵树下睡着一个女人，鹰便和这个女人相交，使她怀孕。此时，这女人正处在暂时和丈夫分别的时期，待她重新回到丈夫那里，到足月时生了一个男孩，这就是人间最早的萨满。

神鹰崇拜在北方民族中很普遍，特别是在东北，凡信奉萨满教的民族，几乎都有鹰的神话传说以及对鹰的各种禁忌和仪礼。

（六）树木崇拜

北方民族有供奉独木树、繁茂树、"萨满树"、桦树、落叶松等习俗，从根源上讲，都与树木崇拜有关。流传在蒙古民族中的一则神话传说，表达了他们树木崇拜的信念：

传说古时候有两户名叫阿密内和图门内的人家，住在深山老林深处繁衍。他们的子孙中，有一个狩猎能手。一天，这个猎手在森林里发现一棵大树，中间有瘤，瘤洞里躺着一个婴儿。树瘤上端有一形如漏管的枝杈，其尖端正好插在婴儿口中，树的液汁顺着漏管经婴儿口进入体内，成为他的食品。树上还有一只鸱鸮，精心守护着婴儿。猎人便把婴儿抱回抚养，称这个婴儿为"树婴为母，鸱鸮为父的天神的外甥"。婴儿成人后被推为首领，其子孙便繁衍为绰罗斯部族。"绰罗斯"就是漏管树杈哺育人之意。

民族神话除了图腾崇拜的内容外，还有关于族源形成、宇宙自然以及畜群保护神的神话。这里，我们选摘几则草原神话，藉以理解马背民族对于天地自然的群体态度。

（七）关于银河的来历

在遥远的古代，人类进行过一次空前的大迁徙。千百万群众和军队赶着无数畜群，向着正西方跋涉。走着走着，一部分人赶着畜群不知不觉走到天上去了。于是，一到夜晚就能在夜空中清清楚楚地看见那些人和畜群踩出来的一条路，后人称之为"天路"，这就是人们常说的"天河"。

（八）关于刮风

从前有一个风婆，威力很大。她有一个巨大的袋囊，打开囊口就刮风，封闭囊口风就停。囊口开大刮大风，开小刮小风；囊口指向哪里，风便吹向哪里。

（九）关于牲畜保护神吉雅其

牧马人吉雅其是一位深知马的习性、勤劳而又热情的老者，一生放牧着那颜官人的马群。他年老病倒，临死还舍不得与马群告别，因而久久不能咽气。那颜亲自前来探望，听取他的遗言。他提出要求说："我死以后，把我平生穿的衣服给我穿上，在我的胳膊上挂上我用过的那根套马杆，之后就把我放在那匹黄骠马上，送到西南山上去，让我背靠着额尔敦本贝山，眼望阿拉坦本山，静卧长眠。"当那颜答应了他的要求之后，他就放心地闭上了眼睛。几个月后，那颜的马群里发生了瘟疫，并且发现夜夜都有人把马群赶进西南那座深山里去。那颜知道这是吉雅其的亡灵还没有安息，一直放心不下自己马群的缘故。因此就走进山里，对着吉雅其的遗体许愿祷告，答应回家以后把他的像画在牛皮上供奉起来，让他每天都能看到心爱的马群。这样，从第二天起，一切事情都平息下来，山中吉雅其的遗体也从此不见了。吉雅其的妻子也是一位热爱孩子的慈祥老婆婆。生前她对村子里的孩子们照顾得十分周到，深受孩子们的喜爱。吉雅其死后不几个月，她也与世长辞了。她死后不久，村里的孩子一个个闹起病来，母亲们知道是孩子们想念老婆婆闹的病，于是，赶紧把她的像画在雪白的新毡上，像对待吉雅其那样也把她的画像供奉起来。这样一来，孩子们的病全都好了。从此以后，人们就把吉雅其夫妇看成牲畜的保护

神和孩子们的保护神。

（十）关于牧神保牧乐

传说有个叫赫布拉特的萨满巫师从天庭回来的时候，偷了天帝的坐骑，又到积雪的白头山把天帝的牛杀掉，吃了牛肉，然后把牛皮割成一指宽的皮条，又用皮条把牛骨缠好，再把它分给人间的百姓，并且说道："这是保牧乐神，如果虔诚供奉就会一年四季无病无灾，五畜兴旺。"赫布拉特不但自己先供起了保牧乐神，蒙古人也普遍供奉起来。保牧乐神是天帝的化身，蒙古人将其推崇为最古老的尊神。

神话通过对一些游牧民族推崇的动物或者植物等进行夸张的描摹，达到神格的目的。在这个过程中，寄托了马背民族对先祖、自然的一种敬畏和崇敬。

四

草原上的岩画和金属铸器，记录着马背民族真实的生活，透露着纯朴的草原气息和生命的活力。

游动的马背民族是一种讲求"动"的文化，这样的文明既不利于固定的记录，也不利于文字文明的产生。所以，古代豪放的游牧人就在他们走过的地方，以岩画的形式记录他们的生活、生产、心理的路程。这就是文化的素材。这些沉默千年的石头，现今看来是一种活的文化。

（一）岩画

岩画就是凿、刻、磨、绘在岩石上的画。草原上的岩画，是我们认识草原先民们的又一种形象符号。生活在草原上的原始人类和猎牧民族，在其求生存、寻发展的活动中，往往在天然的洞穴壁上和岩石上刻绘出他们的生活、生产情景和心中的祈盼。东起内蒙古兴安岭，西至帕米尔高原和青藏高原，在这片从东到西的广阔的草原带上，形成了万里草原不同种类的岩画画廊，留给我们一幅幅震撼心灵的草原艺术形象。

1. **印记岩画。**内蒙古阿拉善右旗雅布赖山洞窟，有多处红色、黑色手形阴型岩画。这是一种用鸟禽骨管或植物茎秆注入颜料，将手按在岩壁上喷涂而成的画。人迹和动物蹄印岩画广泛分布于草原丘陵地带、

● 鹿 石

大麦地岩画（李祥石　摄）

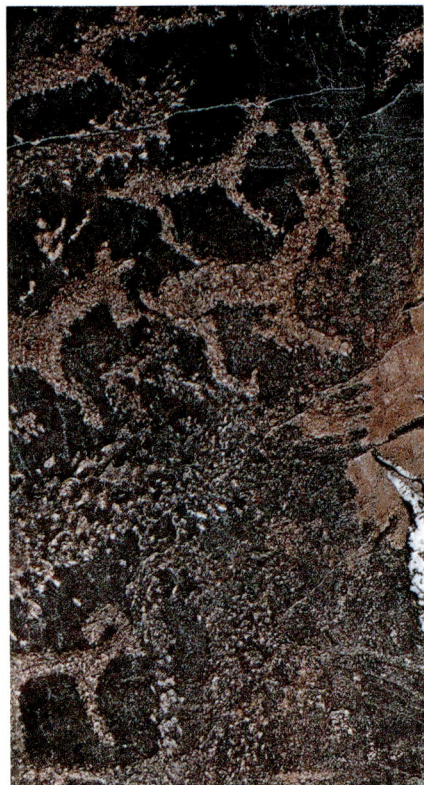

● 大麦地岩画（李祥石 摄）

岩脉和草原孤立的山顶，以内蒙古乌兰察布和锡林郭勒草原为最多。各种动物蹄印散刻于草原的各个地方，有马、牛、羊、驼、鹿等蹄印，其中以马蹄印为多，可视为指示动物的存在和走向。赤峰市黄金河流域的同心圆、涡纹、田字、交叉直线或折线印记都是红山诸文化的先民所为。

　　2. **动物岩画**。在草原地区的岩画中，以各种动物图案为最多。它们大都是野生动物，也是人类最早的主要依赖食物之一。这些图案，反映了原始狩猎氏族部落的主要生产内容。阴山岩画群中有各类动物40余种，贺

● 在新疆布尔津县山区拍摄的古岩画——狩猎欢庆图。

● 野牛沟岩画

兰山与阴山野生动物的岩画相似，但种类相对少些。阿尔泰山动物岩画中最突出的是带角类动物，西藏岩画则多为牦牛。

3. **狩猎岩画**。动物岩画中大部分伴有狩猎图画，其中有独猎、双人猎、众猎和围猎等。它们记录了数千年前草原先民们狩猎的生动场面。

4. **牧图岩画**。游牧民族的产生，经历了圈禁驯化野生动物、野牧、领牧的过程，完成了由狩猎向畜牧业的转化。草原岩画中的放牧图很普遍。在内蒙古克什克腾旗牧图岩画中，有一幅两个骑马持杆的牧人由两只猎犬协助牧放18只鹿的画面。此外，还有狩猎、放牧混合一体的岩画。

草原岩画中，还有舞蹈图画、生殖崇拜岩画、人面具岩画和战争图岩画等，它们都是先民藉以表达对生命、对世界、对自然认识的一种艺术形象。

（二）金属铸器

草原上的金属铸器源远流长，且独具特色。我国发现的最早的青铜制品，是距今5000年前甘肃东乡林家马家窑文化遗址出土的单范青铜刀，它是草原地区的先民留下的遗物。中国的青铜文化在世界上独具特色和传统，而草原地区的青铜文化又独具地域特色和浓郁的民族特色。在铸造技法上，有圆雕、浮雕、透雕之别；在地域和族属上，又有匈奴族系列，山戎、东胡族系列，突厥族系列之分。在整个草原地区，青铜铸塑艺术在取材范围上有极大的一致性和细微的地域区别。如匈奴族系金属器上，铸造的多是食肉、攻击性强的动物纹饰；东胡族系金属器上，则多是食草、较温顺的动物纹饰。草原艺术的源泉，来自于草原生活的方方面面。游牧民族与之关系最密切的就是动物，因而，青铜艺术品中表达得最多的也是动物。

不论是岩画还是金属铸器，都记录了马背民族的真实生活，他们的狩猎场景，他们的艺术舞蹈，以及他

们所热爱的动物。这些艺术品的内容，处处透着几丝淳朴的草原气息，透着丰富的草原文化特色。

五

北方草原被誉为音乐的海洋，歌舞的故乡。用悠扬的歌声抒发内心的情感，用奔放的舞蹈传递炽热的豪情，这是马背民族的独特性格

歌咏，是草原牧人藉以倾诉心灵之声的工具。草原上的歌声，是天籁之音。草原的牧人骑在马背上，在茂密的山林、辽阔的草原狩猎放牧要唱歌；岁时节令、祭祀天地、祷告祖先要唱歌；出征打仗，祭旗盟誓要唱歌；婚俗礼仪、迎宾送客、祝福敬酒要唱歌……男女恋爱，心中的激情要用歌声来倾诉；亲友离别，美好的祝愿要用歌声来表达。

草原舞蹈艺术是对原生态的草原生产、生活以及情感要素的深刻挖掘，集中地反映了草原人民对生活、对自然和对劳动的热爱之情。同时，从这些作品中，也

不难看出他们对于生态审美的意蕴。

草原音乐历史悠久，源远流长。甘肃省玉门火烧沟新石器时代遗址出土的陶埙，经考古测定距今大约有6700—7000年。而大约4000多年以前，草原民族的乐舞就曾在中原夏代的宫廷中表演。汉代时，"胡乐"曾风靡中原，并且在民间和宫廷都受到普遍的欢迎。由西北草原民族的马上之乐改造而成的横吹乐，还成为当时宫廷中的仪仗音乐，甚至被其后所有的封建王朝所沿袭和使用。在宫廷宴乐鼎盛时期的唐代宫廷中，草原民族的乐舞占据着重要的地位，草原民族的许多乐器也开始在中原扎根落户。

在草原上，音乐的结构方式可分为单声部和多声部两种。其中，单声部民歌占有很大的比例，而多声部民歌以流行于蒙古族群众中的潮尔和呼麦等最具特色。在节奏和节拍方面，它有着十分丰富的形式，在不同的体裁里，有的节奏舒缓绵长，有的短促活泼。新疆一些民族民间歌曲中的混合节拍，与蒙古族、藏族民歌中结构长大、节奏错落有致、节拍重音不突出的长调民歌等，常常是这些民族音乐的重要标志。在音阶和调式方面，大部分草原民歌都属由宫、商、角、徵、羽组成的五声调式体系，而其中每一声都可以成为调式主音而

构成不同的调式，因此，其调式色彩极为丰富。新疆一些民歌中常常采用的含有约1/4全音音程的特殊调式结构，达斡尔族民歌慢速下回音的旋律装饰法和哈萨克族民歌特殊的旋律进行方式，常常是这些民族音乐的特征。在曲式结构方面，草原民歌以单乐段为主，而乐段内部则有上下二乐句结构、起承转合四乐句结构和较自由的结构三种。蒙古族和藏族的长调民歌，常常因乐句内部结构的不规则而形成较自由的结构。

草原舞蹈艺术与草原音乐艺术一样，有着十分悠久的历史和大致同步的发展历程。1973年，青海省大通县孙家寨原始古墓中出土了一件舞蹈纹彩陶盆，它证明，大约5000年前舞蹈就已存在于草原。另据汉文典籍记载，大约4000年前草原乐舞已传入中原，并在夏代的宫廷中表演。汉唐时期，胡舞、胡乐长期风靡中原，从民间到宫廷都有草原舞蹈在表演。在隋、唐宫廷宴乐中，草原舞占据着重要的地位。马背民族的歌舞，最能突出地体现生态美学。

在牧民那里，自然永远是人的母体。牧民游动于江山秀色中，是在饮美、餐美。它使人的精神总处在愉快状态。凭着牧民们的譬喻思维和艺术感觉，人和自然建立起十分良好的关系。牧民对大自然是那么的

● 舞蹈纹彩陶盆（新石器时代，陶制彩绘器，马家窑文化，马家窑类型；高14厘米，口径29厘米；青海大通县上孙家寨出土，中国国家博物馆藏）。

和睦亲善，提到天时，他们联想到的是茂草密林，明月清风，江海湖泊，飞云流絮，是数不尽的美色烟景。在牧民眼中，天是那样的美丽，那样的堂皇，那样的慷慨大度。在牧民眼中，自然是美的创造者，是最好的音乐家、美术家、诗人、舞蹈家；自然能奏出最美妙的音乐，绘出最美丽的画面，唱出最美妙的诗句。牧民们总是坦诚地向自然展示自己，而不向自然作任何隐瞒。他们总是用歌声、用琴声向自然吐诉衷情，甚

● 诗、歌、舞就是一种能传心灵之神的语言。他们在节日或庆祭活动中用这种语言说话，日常生活中也用这种语言说话。（李宏柄 摄）

● 游牧民族用歌宣泄内心的情愫，用舞来传导内心的积蓄。

至和一株青松、一条清溪、一朵野花、一片白云默默对话。在草原上，充满人间的是牧歌式的真诚与淳朴。人和人是真诚的，在心与心之间久久流动着那醉人的爱，由此制出的缕缕情思，其精微之处是难以用语言来表达的。牧民认为，自然会产生诗的冲动，歌的冲动，舞的冲动。

游牧民族形成了一种"诗性思维"、"音乐思维"、"舞蹈思维"，时时处处都想用诗吐诉内心的隐秘，用歌宣泄内心的情愫，用舞来传导内心的积蓄。如此，成了人与世界对话与人际交往的特殊方式。诗、歌、舞就是一种能传心灵之神的语言。他们在节日或庆祭活动中用这种语言说话，日常生活中也用这种语言说话。

如果说"安代舞"以其男性领舞、奔放、粗犷而热烈的舞蹈词汇，展示出一个古老马背民族中的阳刚气质，那么，蒙古族的"盅碗舞"，则以其女性独舞，表现了这个民族血液中女性端庄娴静、雍容典雅的美。还有洒脱的筷子舞，是用敲击酒盅、碗盘、筷子等食具，来倾诉心中的欢乐与向往幸福之情。筷子成了追求幸福和吉祥的媒介物。

● 安代舞

● 盅碗舞

● 筷子舞

马头琴不但是优美的蒙古族乐器，而且有美丽的传说：

很久以前，在科尔沁草原上有个爱唱歌的牧人，名叫苏和。他有一匹心爱的小马，浑身雪白，皮毛像缎子般光亮，体态优雅而健美，它轻轻嘶鸣起来，清脆悦耳的声音便传向绿色朦胧的远方。光阴如梭，小马在苏和的挚爱中长大了，长成膘肥体壮，充满灵气的大白马。在一次赛马会上，苏和的白马在夺得冠军后却被王爷夺去了。白马日夜思念主人。

● 马头琴

一天，王爷骑白马正在亲戚面前炫耀，不料被马猛然摔下马背，白马挣脱了缰绳，却不幸中了王爷的毒箭，马挣扎着跑回主人身边后，终因毒液的浸入而死在蒙古包前。苏和失去心爱的白马痛不欲生，他日夜守在白马尸体旁不忍离去。这天，当太阳又一次升起时，伤心过度的苏和终于迷迷糊糊睡着，梦境中他与白马重逢了，白马一边向他欢快地跑来，一边不住地嘶鸣着，苏和幸福地迎了上去，就在这时他惊醒了，举目眺望，四野茫茫，苍穹笼盖下的原野上，马群腾跃如旷野疾风，羊群悠悠如天边白云，一切都呈现出一如既往的祥和与永恒，但就是不见心爱的白马回来，只有它熟悉的嘶鸣仍在耳边回响……苏和突然醒悟过来，他要捕捉住这最后的嘶鸣，让白马的英魂留驻在身边。于是，他用白马的全身的各种部位做出了草原上第一支马头琴，并按照白马的模样雕刻了一个马头，装在了琴的顶端。这琴，演奏起来就好像梦中的声音一样。苏和拉起马头琴，琴声时而深沉哀怨，诉说着草原人的苦难；时而优美悦耳，倾诉着草原人对

家园的热爱和对美好生活的向往……从此，马头琴便成了蒙古民族的心声。

风驰电掣的赛马，讲究和运用力的韬略的蒙古式摔跤，精湛的蒙古族箭术，被誉为蒙古族好汉的"三艺"，造就了马背民族的一代又一代英雄。这"三艺"既是马背英雄好汉建功立业的本领与本钱，而其展示又是马背民族强身健体娱乐休闲的佳节和盛会。

每当举行"那达慕"时，整个草原热闹非凡。牧民们身着艳丽的服装，分别骑着马和骆驼，坐着勒勒车，从四面八方汇集而来，亲戚朋友会面，左邻右舍会聚，采购物资，观看好汉"三艺"比赛，欢乐无比。"那达慕"，蒙古语是游戏或娱乐的意思。矫健骏骑的腾飞，魁梧人体的对垒，箭羽之鸣呼啸，群情激昂鼎沸。那紧张、激烈、险奇丛生的场景，构成了一幅幅力与美的生动画面。

流唱至今最为古老的草原民歌，都是关于生命的。其中一首是《摇篮曲》，也叫《母亲的歌》、《宝贝歌》、《不要哭》：

太阳太阳照我，
阴凉阴凉躲开，

◉ 那达慕（泥塑。石玉平 摄）

不要哭，不要哭，
宝君孩——陶来。
呜！呜！

月亮月亮照我，
黑夜黑夜躲开，
不要哭，不要哭，
宝君孩——陶来。
呜！呜！
宝君孩——陶来。

　　另一首歌，则是《招魂歌》。它来源于萨满教，是将萨满教民俗化了的应用歌谣，一般为召唤活人因受惊吓暂时游离体外的惊魂，或者为人死后永久离开肉体的亡魂两种。歌咏者一般为年长者：

在南边玩耍的时候，
是不是碰到了驴精？
我的孩子，
依勒！依勒！依勒！

在北边转悠的时候，
是不是碰到了马精？
我的孩子，
依勒！依勒！依勒！

在西边走路的时候，
是不是被老虎惊着？
我的孩子，
依勒！依勒！依勒！

在东边游玩的时候，
是不是被魔鬼吓着？
我的孩子，
依勒！依勒！依勒！

　　古老的草原先民热爱生命、关怀生命，从上面的两首悠远的歌谣中可以听得出来。但是，他们同时敬畏自然、敬畏诸神。他们相信，大自然的神祇无所不在，必须要小心翼翼地恭敬地祭奉。因而，留给今天更多的是祭祷天地、山川和祖先的歌，这些歌通常是诵读出来的，称为祝词：

至高无上的苍天，

辽阔金色的大地，

富饶的阿尔泰杭盖山啊！

在您那山谷的阳面，

在您那群山环抱的摇篮里，

栖居着公鹿、母鹿、紫貂、猞猁，

养育着灰狼、山豹、松鼠、黄羊，

把这些所有的福分赐给我吧！

呼列，呼列，呼列！

也请赐福给我的亲族朋伴，

呼列，呼列，呼列！

（摘自祭歌《昂根仓》，意为"狩猎颂"。）

蒙古人狩猎结束以后，要举行祭天分配猎物的活动。即使是个人狩猎，在猎到野牲之后，除了对被敬重的野牲祈祝外，还要向山神叩祝：

我那博大的杭爱山啊，

请把吉祥不断地赐给我们！

这次受恩得惠，

下次还有收成。

> 我那宽厚的杭爱山啊，
> 此次慷慨赐恩，
> 再来施惠更盛。
> 病时它是灵丹妙药，
> 饥饿时成为圣水救生！
> 杭爱山啊，杭爱山！
> 在林木葱葱的腋窝下生息，
> 您用宽阔的衣襟覆盖我们！

9世纪中叶，一部分蒙古先民由狩猎经济向游牧业过渡。良好的天然牧场，突厥人先进的游牧技术，为蒙古部族向游牧业转化创造了条件。其时，由于多神信仰的普遍影响，游牧民在生产中也要频频地向天祈祷，一曲《绵羊祭洒词》咏唱道：

> 权威的长生天，
> 和善的大地母亲，
> 至高无上的长生天，
> 可汗率土之滨。
> 万颗星星闪亮，
> 月亮太阳辉映。

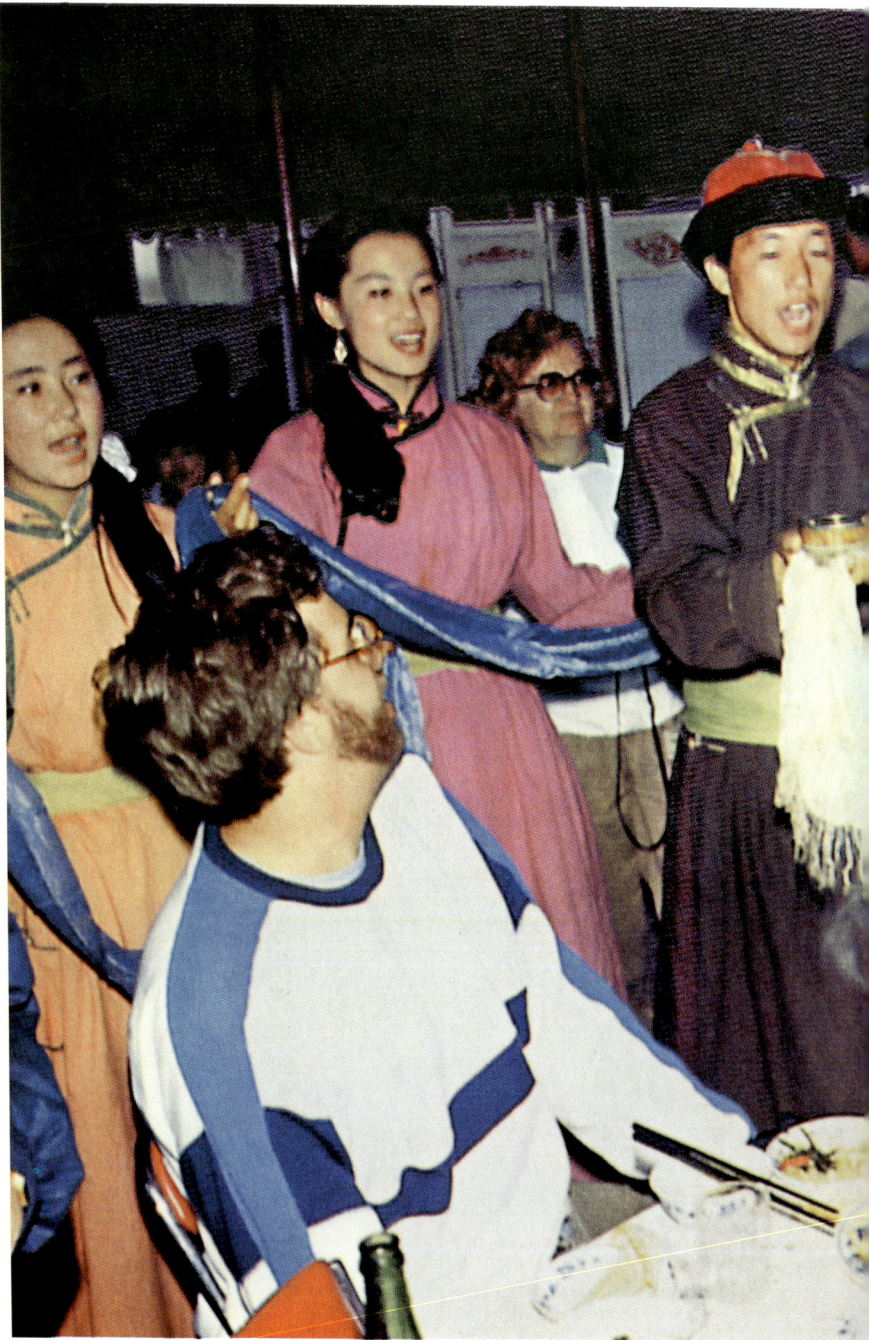

● 提及马背民族的音乐和舞蹈，不得不提及酒。

在这吉祥时日，
美好的月份，
举行洒奶仪礼，
向上苍祈祝告禀。
若问祭酒缘由，
只为尊奉天命，
花额母羊之羊羔降临，
一切活动未曾品尝的鲜奶，
它的羊羔吮吸其母奶头份。
尊奉上天之命，
黑色母羊的羊羔降临，
谁也不曾品尝它的鲜奶，
它的羊羔头一个尝新。
……

　　到了后来，虔诚的祭祷藏在心中，变成了深情的赞美，牧歌出现了，蒙古族有《辽阔的草原》，哈萨克族有《褐色的鹰》，藏族称为"拉鲁"，柯尔克孜族称为"恰尔威奇额尔"，都是赞美家园、赞美骏马的牧歌。让我们倾听吧：

蓝蓝的天上白云飘，
白云下面马儿跑，
挥动鞭儿向四方，
赞歌更嘹亮！

要是有人来问我，
这是什么地方？
我就骄傲地告诉他，
这是我的家乡。

● 在蒙古族各种隆重的社会或家庭亲
　朋聚会上，敬酒是最好的表达心意
　的方式。

195

　　提及马背民族的音乐和歌舞，不能不提及酒。

　　马背民族对酒有特殊的偏爱。在古代，草原上的马背民族生存环境比较艰苦，部落与部落之间、部落与部落联盟之间常有争锋和战斗，任何生命意志的弱化，任何生命力的衰减，都会造成灭绝性的灾难。牧民需要为生命加劲、加热、加油的一切手段中，酒是最为实际的最为有效的。它把人的生命内涵中的积极因素激励起来，敢于接受来自任何一方的挑战。因此，醇香浓烈、营养丰富的马奶酒，就成为马背民族高尚圣洁的饮料。

　　牧民平日骑马翻山越岭去串帐房，就是去寻找这种饮酒的气氛。酒可以化除陌生。哪怕是十分生疏的客人，一大碗奶酒入肚，主客彼此不用再作过多的介绍，便心心相印，成了知己。酒香，这个诱饵有持久诱惑力，能维系住客人通宵达旦地聚会。酒能激发人的兴味，助人歌、助人舞；酒能提神，哪怕议事主题平庸枯燥，或者是个斤斤计较的马拉松谈判，只要有酒，人就能打起精神坚持下去……酒就成了发展社会联系的至妙液体。

　　在蒙古族各种隆重的社会或家庭、亲朋聚会上，敬酒是最好的表达心意的方式。按照蒙古人的习俗，接受敬酒端住酒杯后，用无名指在酒中蘸一下，弹向天空，再蘸一下，弹向大地，再蘸一下，抹在自己的额头上。其意思是敬天敬地敬祖宗，表达对天地和祖宗的尊敬，也表达了蒙古民族天地人融为一体的吉祥幸福的良好祝愿。

游动的生活，疾驰的马蹄，草原一样辽阔的文化视野，兼容的胸怀，使游牧简单的生活却透着深厚的文化气韵。蒙古族游牧文化是以人、家畜和环境三个要素构成的特殊的生产方式。在这个生产方式——由人、畜和自然构成的人工生态系统中，牧民通过家畜的中介反馈来适应环境，扮演着生态调节者的角色。与此同时，牧民在萨满教的氛围中体验着敬畏自然、注重和谐、崇尚自由的审美境界，这使得蒙古族游牧文化具有了一种深刻的生态内涵和强烈的艺术气质。

第五章

生态文明的
全新启示

  草原文化是民族文化和地域文化的融合体,是历史上曾经生息繁衍在这片土地上的各民族创造的物质文明与精神文明的总称。草原文化也是人类最早的生态文化。地处祖国北疆的辽阔高原是草原文化的发祥地,马背民族是草原文化的创造者。历史上,草原文化在这里发生、发展、传承;今天,草原文化在这里被继承、吸收、弘扬,成为中华民族共同拥有的宝贵财富。草原文化之所以绵延千载仍熠熠生辉,源自于草原文化由内至外凝聚着的生态魂。深入开掘和弘扬古老悠久的草原文化的时代价值,不仅对草原畜牧业的复兴、对草原绿色产业和草原文化产业的发展具有深远的意义,而且为现代人类探索生态文明之路提供了全新的启示。

  从当代生态伦理学的视角审视,草原文

化的生态思想集中体现为：敬畏生命，尊重自然，和谐共存。

1923 年，法国哲学家施韦兹创立了"尊重生命的伦理学"，提出敬畏一切生命的理念。20 世纪 40 年代，美国环境学家莱奥波尔德发表了《大地伦理学》，将伦理观从人与人之间扩展到人与自然之间，首倡建立人与自然的伙伴关系，认为人类应将自己看做自然大家庭中的普通一员和公民，与其他生物共同地处于平等的地位。而不应把自己看成是可以征服和统治自然的主宰。莱奥波尔德的理论宣告了生态伦理学的诞生。20 世纪 70 年代后，生态伦理学理论又一次得到了长足发展。意大利学者贝恰提出了"新的生命伦理"，主张人类要与自然和解及协调；英国历史哲学家汤因比认为，人类是大地母亲的孩子，要拯救人类的大地母亲，必须维护自然神圣的尊严性；美国环境哲学家罗尔斯顿将道德对象从生物物种扩展到生态系统和整个自然界，倡导人类要尊重一切生命，承担起对自然的道德责任。

生态伦理学的创立，首先是吸纳了东方多神教的生态伦理学思想。在中国的古代文化思想中，已经蕴含了丰富的生态伦理思想；而在北方游牧文化中，生态

伦理思想更是其习俗观念文化中最主要的内容。

蒙古族生态文化在精神层面的体现，主要是指在与环境相互适应的物质生产、生活技能与知识体系的基础上，产生的对生命的认识、对周围环境的认识以及对人与自然关系的认识等。如果用生态科学理论来衡量的话，这部分内容无疑应属于生态伦理学的范围。

解读马背民族的生态伦理学，必须首先了解他们有关生命的伦理原则，敬畏生命就是他们的一个非常重要的伦理原则。在他们的心目中，一个人只有当他把植物和动物的生命看得与人的生命同样神圣的时候，他才是有道德的。在实际生活中，如果确实出于不得已的需要而杀死其他生命的话，那也应对被杀的生命怀有怜悯之心和责任感。

大自然——草原生态系统决定着游牧人的这种认知与思想，并赋予这种认知与思想以合理性。因此，在古代蒙古人的伦理观中，大自然及万物始终是一个不可或缺的部分，存在于他们的生命观中，存在于他们的自然观中，存在于他们的与自然相适应的和谐观中。

让我们从当代生态伦理学的视野，来看古代蒙古人的生命观。在当代生态伦理学视野中的古代蒙古人的生命观，包含了对生命间及生命与自然之间相互依赖的认识，包含了对生命的神圣性的尊重甚至崇拜，以及对生命力顽强与伟大的歌颂与提倡。

让我们从当代生态伦理学视野，看古代蒙古人的自然观。在蒙古人看来，大自然是有用、宝贵、神圣、不可替代的，大自然大于人＋畜＋草之和。这种自然观一直在指引着他们从远古走到今天，而且在一定程度上它也是这片草原一直保存至今的关键所在。

当代生态伦理学视野中古代蒙古人与自然相处的适应与和谐观，也得到了充分的体现。

当代生态伦理学要求的最终目标，即是恢复人在自然界中应有的位置，摒弃对待大自然的霸权主义态度与行为，保护其他物种，维护生态平衡，而从事这一切的唯一途径就是尊重自然规律，与大自然和谐相处，并从思想深处确立这种尊重、和谐、合作的观念。当我们用这种理论要求反观古代蒙古人传统的游牧文化时，可以看到，这种与自然相处的尊重与适应自然规律的和谐合作观念，已然被当时的人们作为一种价值观在实践着，并且不折不扣地指导着人们的生产和生活方式。

从古代蒙古人的一些日常生活习惯和习俗中，我们也能看到这些适应环境，与自然和谐相处的观念与

● 在蒙古人看来，大自然是有用、宝贵、神圣、不可替代的，且大自然大于人＋畜
＋草之和。这就是他们的自然观，一直在指引着他们从远古走到今天，一定程度
上这也是这片草原一直保存至今的关键所在。（扎·毕力格巴图尔 摄）

行为。例如，有关蒙古包的搭建，古代蒙古人认为宇宙及大地是圆的。汉语中表示闯天下意思的"走四方"，在蒙语中直译为"绕着圈子走"，因而，作为人们生活中心的蒙古包也要搭成圆形的。有一首民歌是这样表达这一观念的："因为仿照蓝天的样子，／才是圆圆的包顶；／由于仿照白云的颜色，／才用羊毛毡制成。／这就是穹庐——我们蒙古人的家庭。因为模拟苍天的形体，／天窗才是太阳的象征"……这些都表现了蒙古人适应自然、与之和谐相处的观念。这一观念如此根深蒂固，已经积淀到其最基本、最常见的日常生活习俗中，保留至今。

蒙古族生态文化在精神层面的体现，用生态伦理学的理论可以概括为：敬畏生命，尊重自然，和谐共存。而在一般形态的文化解读中，应是亲近自然，感念自然，推己及物，知恩图报。

对自然的亲情和伙伴意识，是马背民族观念文化中最基本的内核。几乎所有的蒙古族祭祀词都会呼出"天父、地母"。

在他们看来，天父地母所诞育的自然万物，包括人和动物都是应该亲近的兄弟姐妹。在草原牧区，一位豁达而慈祥的老阿妈会给人们叙述她家中的情况，比如在介绍家庭成员时，会多出一个狗的名字，因为他们已经把那条忠诚的狗看做是家庭的组成部分；讲到马，老阿妈会用一种尊敬的口吻描述；而讲到她的羊群，她会如数家珍地娓娓道来，哪一个黑头，哪一个花头，哪一个跛脚，哪一个耸肩……甚至于能够一一叫出它们的名字。在识别动物方面，游牧人有一种超乎寻常的记忆力。一匹小马驹，牧人只要在它幼年时见过它，即使到了它苍老的时候，也会一眼就能辨别出来。鄂温克人与驯鹿相依为命，对驯鹿充满关爱之情。在平常的驯养中，他们从不用鞭子或棍棒驱赶驯鹿，仅仅使用命令式的词句。在鄂温克猎民的语言中，关于驯鹿饲养方面的词汇特别丰富。

生态伦理观念的第二个表现，就是对动物和自然的报恩意识。蒙古族传说中，曾有两匹天赐的骏马救过成吉思汗。为了表达感恩之情，成吉思汗生前年年要祭奉这两匹神马，他死后，这两匹神马便被绘成图像供奉起来；后来，这两匹神马又"转生"成活马，受到专门负责祭祀成吉思汗的鄂尔多斯部人的供奉。这两匹骝圆蛋白色马享有充分的特权，它们可自由自在地在野地里、庄稼地里采食，人们不但不能阻止，还要礼奉于它们。

游牧民族奉行生态伦理的另一个体现，就是对自

然应负有的责任：要保护自然，而不能破坏自然。在这方面，《毛乌素沙漠传说》便是个很好的例证：毛乌素地区原先也是人间天堂般的地方，有一天，一只大凰鸟因受伤折断翅膀，从天上掉到这个地方。百姓正准备为它治疗时，贪图名利的王爷却说："凤凰之羽乃稀世之宝，若以此装饰夫人，也许能得到皇恩御赐，誉满人间。"于是，打发三百名壮丁前去拔完了凰鸟的羽毛。裸露的凰鸟从此不能飞走，躺了很多年，其躯体慢慢变成了今天的毛乌素沙漠。

还有一个表现，就是他们对水的敬重。游牧生活离不开水，视水为生活之源。崇拜河流和湖泊，也成为游牧民对于大自然崇拜较为普遍的表现形式之一。许多地方都称河湖为"母亲"，严格禁止向河水中投入污物。至今，草原游牧民仍将水、泉等尊称为"圣水"、"圣泉"。

从当代生态社会学的视角审视，草原文化确立了以生态价值为核心的法制体系和社会结构，生态思想已经延伸到社会领域。

人是生活在社会之中的。马背民族在生态化思想的指导下，基于生态化的生产生活方式，做出关于社会秩序、整合方面的制度化安排，把生态思想向社会领域延伸，并且对社会进行规范，由此产生了自己的生态社会学，生态法制就是其中的重要一环。

草原是马背民族赖以生存的主要生产资源，保护草原则是他们心目中最为神圣的事。这不仅仅在生产实践中有所体现，而且在法律中有很多具体的规定。蒙古民族在保护草原方面，既有习惯法的成分，也有成文的法规。彭大雅编著的一本《黑鞑事略》中记载："其国禁草生而斫地者，遗火而热草者诛其家"（《黑鞑事略笺证》第16页）。

在蒙古族的史书上，还有许多关于保护河流法律法规的记载。在一些水资源不十分丰富的地区，还特别制定了一些法律法规，以保护人畜饮水的需要。在《大札撒》中，法令规定了关于入水和在水中洗涤衣服的一些规则，有时甚至禁止下水和在水中洗涤；在水中便溺者，处以死刑；还禁止人们将手伸入水中，规定汲水时须使用容器（奇格著《古代蒙古法制史》，第128页）。蒙古族习惯法中之所以有这些关于水的规定，主要是因为北方草原水源缺乏，一般情况下人畜饮水尚

且不足，如果污染了水源，便容易使人畜得病。另外在《元史》中我们也能够看到有关于水源保护的若干记载，如："英宗至治二年五月，奉敕云：'昔在世祖时，金水河濯手有禁，今则洗马者有之，比至秋疏涤，禁诸人毋得污秽'"（《元史·志第十六·河渠一》）。

在《喀尔喀律令》中有这样的规定：强占别人新挖或修缮的水源者，罚四岁马；自己饮完牲畜不让别人饮者，罚马；故意或戏耍而污染水源者，罚牛、马二只，给证人赏牛。《六旗法典》中的有关规定，与此类似。

狩猎是古代蒙古人生产生活中的一件大事，因此，对狩猎资源——野生动物的保护、管理与有效利用，就像对待草原上的其他资源一样，对他们来说是非常重要的，这充分体现了游牧经济与文化的独特个性。

在元代法律规定所保护的动物中，禽类占了突出的位置，包括用做狩猎的猛禽类。

在《喀尔喀律令》中还规定：从安扎库伦的地方算起，北至色楞格、阿儒陶勒毕、那么、那林、谔尔浑河、钦达哈台山、西布岱山、桑因达巴、朝乐呼拉等地之内，不准猎杀动物，违者按旧律论罚；无病的马、雁、蛇、青蛙、黄鸭、幼仔、麻雀、狗等不准猎杀，发现者以马为赏。在《六旗法典》中规定：杀野驴者有罪。

● 《成吉思汗扎撒与必里克》

● 《喀尔喀律令》

● 《卫拉特法典》

　　到北元以后，蒙古社会法律法规的制定得到了加强，在著名的《阿勒坦汗法典》中规定：偷取鹞之翎、岩雕之翎、狗头雕之翎、鹫之翎，罚牲畜二头。偷取水禽之翎、肉者，罚马一匹。偷猎野驴、野马者，罚以马为首之三五畜。偷猎黄羊、雌雄狍子者，罚绵羊等五畜。偷猎雌雄鹿、野猪者，罚牛等五畜。偷猎雄岩羊、野山羊、鹿者，罚山羊等五畜。偷猎雄野驴者，罚马一匹以

● 阿勒坦汗画像

上。《喀尔喀律令》也规定：无病之马、雁、蛇、青蛙、黄鸭、幼仔、麻雀、狗等不准猎杀，发现者可取偷猎者的马为赏。熏死旱獭而不拿走者，罚二岁牛（猎而不取，是为滥杀）。

在蒙古地区不仅有辽阔的草原，而且也有一些著名的山峰及茂密的森林。游牧的蒙古人既珍惜草原及草原上所有的资源，也没有忘记自己是从森林里走出来的，自己的生活与森林是密不可分的，因此，对森林也是加倍爱护。在一些法典及禁忌中，同样涉及到了这方面的内容。

元代关于保护树木的法律条文，我们在《元史》、《元典章》中都能见到。如《元史》中有："诸于迥野盗伐人林木者，免刺，计赃科断。"（卷五十二·刑法三）《元典章》："……钱留住即系偷盗树木事理，旧例毁伐树木稼穑者以盗论，……旧例诸以盗论者一贯该杖六十五下加一等计赃一十一贯，合杖八十下。……"（《元典章·四十九·刑部十一免刺·偷砍树木免刺》）另外，在《元典章》中，还有"道路栽植榆柳槐树"、"禁

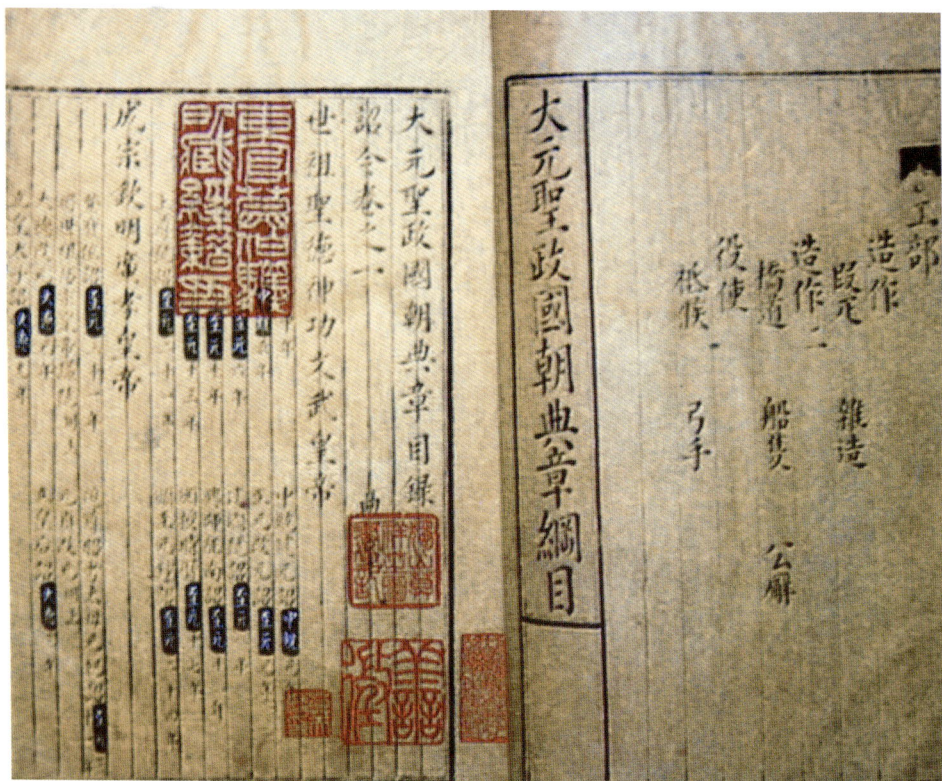

● 《元典章》

伐柑橙果树”、“禁伐桑果树”等法律规定(章典二十三·户部九·栽种)。

对于保护山林树木，北元以后的蒙古社会律法也有相应的规定。如在《喀尔喀律令》中，我们可以看到这样的规定：修建库伦的地方，库伦内任何树木不论干湿都不能砍伐。库伦以外一箭之地以内不能砍绿树，违者没收工具归发现者所有。从库伦之外，能分辨清黑白颜色的一倍距离之内不准砍树，违者没收其工具。

制定法律及遵守禁忌保护树木，客观上都起到了保护自然环境的作用。结合其他有关对草原、河流、野生动物等的保护的律俗，草原生态系统的平衡最终被保持了下来。

游牧社会是动态的社会。游牧社会如何管理和保卫才是比较理想的？这种管理和保卫又怎样体现出其合理性？政治制度在游牧社会的运行发展中承担着重要的管理和保卫的职能。古代蒙古族的分封制就是一个比较成功的例证。在成吉思汗实行分封制前，这种管理游牧社会的办法已经存在了，而成吉思汗根据形势的发展将分封制形式加以制度化，并且使之更加规范化了。全体牧民以十户、百户、千户、万户的方式组织起来，并拥有相应的牧地，由专门挑选出来的有才能的人进行管理。在这里，人口、畜群、游牧这三个基本经济要素之间的关系与作用得到了强化，有利于牧业生产力的发展和社会稳定，使游牧税赋对国家的支持作用更加明确和有力。

游牧经济的最根本动因，是由于自然条件所限而不断在各草场之间迁移，以最大限度地确保畜群吃上最好的草，同时，对草场又没有过多的压力和破坏。分封制的基础正是基于此，它使游牧的原则没有被破坏而是得到了加强；此外，它更强调了人、畜群、游牧地这三者之间的关系。人员与游牧地的所属性被明确之

后，更有利于游牧业在一个相对稳定、安全的环境中进行。这样，在客观上确保了游牧经济效益的最大化，对社会所产生的支配作用也达到了最大、最持久与最稳定。正是由于游牧经济与分封制之间这种良性互动，才使得蒙古国家能够有实力在一个很短的时间内，就达到了其历史发展的顶峰。

在分封制中，军事化的成分是显而易见并且非常重要的。处于分封制管理范围内的人员首先是战士，其首要任务是进行战斗。而且，分封制将久已流传在北方诸游牧民族中的十进制方法制度化了，从而使得原先散漫无序的氏族兵接受了较为正规的军事化管理；分封制的内部结构，极其有利于战争条件下的人员调配管理，其效率非常之高。

民兵合一制也是游牧民族在古代的一个创造，从匈奴、突厥一直到蒙古都是这样的。

带游牧经济色彩的奥鲁制军事后勤供应保障制度和用围猎的方式训练军队，将围猎与战争结合起来，用古老的游牧方式"古列延"来充当战阵，创造了自然的游牧经济与草原环境最适合的军事制度，是草原社会对游牧经济的一种充分利用，是对游牧经济所具有的一种超长发挥，是草原社会的两大需求——游牧与战争的完美结合，也是草原生态系统中两个重要组成部分——社会生态系统与自然生态系统的完美结合。

　　一定的文化（当做观念形态的文化）是一定社会的政治和经济的反映，又给予伟大影响和作用于一定社会的政治和经济；而经济是基础，政治是经济的集中表现（参见《毛泽东选集》第2卷第663页）。以生命的适宜为核心，是古代蒙古人的生态理想。马背民族所创造的草原文化，处处充满了生态元素。尽管当时还没有规范的生态伦理学、生态社会学，生态文化也不过是人类进入当代社会才创立的一种新型文化趋向，但从马背民族所创建的草原文化中，完全可以看到其处处折射出的生态伦理学、生态社会学的光芒，展现着生态文化的雏形。

三

　　从现代生态文化学的视角审视，草原文化是人类最早的生态文明，它所呈现出的持久强大生命力，对当今人类探索生态文明之路提供了全新的启示。

　　马背民族的生态文化，是游牧民、畜养动物和大自然三个要素群构成的生存、生产、生活方式，以及在此基础上逐渐形成的生态化的价值观和认知体系。事实上，我们在前面各章节已经扼要地表述了马背民族生态文化的各个层面的内涵。

　　然而，现代学科意义上的生态文化，是建立在对现代文明的反思基础之上的。广义的生态文化是一种生态价值观，或者说是一种生态文明，它反映了人类新的生存方式，即人与自然和谐的生态方式。这种定义下的生态文化，大致包括三个层次，即物质层次、精神层次和制度层次。著名学者余谋昌在其《生态文化的理论阐释》里，就以上三个层次进行了更加细致和深入的阐释：

　　　　生态文化的物质层次选择：摒弃掠夺自然的生产方式和生活方式，学习自然界的智慧，创造新的技术形式和新的能源形式，进行无废料的生产，既实现社会价值为社会提供足够的产品，又保护自然价值，保证人与自然的"双赢"。

　　　　生态文化的精神层次选择：摒弃"反自

然"的文化，抛弃人统治自然的思想，走出人类中心主义；建设"尊重自然"的文化，按照人与自然协调发展的价值观，实现人与自然的共同繁荣。

生态文化的制度层次选择：改革和完善社会制度和规范，改变传统社会不具有自觉的保护环境的机制而具有自发地破坏环境的机制的性质；按照公正和平等的原则，建立新的人类社会共同体，以及人与生物和自然界伙伴共同体，从而使环境保护制度化，使社会具有自觉地保护环境的机制。

生态文化作为一种社会文化现象，具有广泛的适用空间，是一种世界性或全人类性的文化。20世纪以来，人类在重视自身生存的生态环境保护的过程中，逐渐产生了一系列的环境观念、生态意识，以及在此基础上发展起来的一系列有关生态环境的文化科学成果，诸如生态教育、生态科技、生态道德、生态文学、生态艺术以及生态神学等。这些生态文化成果的创建，既表明了生态学思维方式对人类社会的渗透，也显示出一种生态文化现象正在全球蔓延。生态文化是属于全人

类的，这是因为：生态文化是建立在科学的基础之上的，而科学是无国界的，它为所有的人提供了正确认识的理论基础；生态本身的物质性作为一种客观存在，它对所有的人都同样起作用；人类的生存发展需要适宜的生态环境，而生态文化既是这种状态的产物，又对维护这种状态起着巨大的能动作用。生态文化是人类向生态文明过渡的文化铺垫，也是自然科学与哲学社会科学在当代相互融合的文化发展趋势。生态文化作为一股思想文化潮流，它所淹没的文化陆地越多，越证明自己作为一种新的文化现象的重要价值。

但是，这种新的文化现象，其学术和思想资源在哪里呢？难道生态文化的建立仅仅是"摒弃"、"选择"、"更新"吗？也许更应该从已经实践过的文明中去捡拾、去挖掘、去恢复。中华传统文化的内在精神，与当今世界方兴未艾的生态文化惊人地吻合。众所周知，中华传统文化从来都是追求人与自然的和谐，相信师法自然，遵循自然法则，追求天人合一，信奉众生平等，关注生命的安全和文明的延续。以此精神为基础，中国传统的哲学宗教、文学艺术、医学养生、棋艺茶道，无不展现着人与自然的亲合关系，无不表现着深刻睿智的生态文明，无不浸润着天地人文的和谐美感。而作为中华文化重要组成部分的草原文化更是浸透着丰富且深厚的生态文化理念。

中华民族由多民族构成，各民族都创造了自己独特的文化，而从这些文化中都可以挖掘出让全人类都会关注的生态文化。我们试图要表达的北方的马背民族和内涵更加丰富的草原文化中的生态意蕴，包括东北采集、渔猎文化类型和北方、西北及青藏高原的畜牧文化类型。采集、渔猎文化类型的主要特点是：以渔猎兼采集为主要生产生活方式，运用人类在生产技术发展的早期所采用的谋生手段，即直接攫取野生动植物，或者说是根据需要去收集生态系统在循环代谢过程所产生的剩余能量。畜牧文化类型的主要特点则是：畜牧生产生活方式是人类对于干旱或高寒地区生态环境的一种适应形式，就是在人与土地、人与植物之间通过畜养动物建立起一种特殊的关系，构成一条以植物为基础、以动物为中介、以人为最高消费等级的长食物链。在畜牧生产生活方式中，人类虽然没有对生态系统进行根本上的改造，却能巧妙地对生态系统进行积极的利用。牧民们可以在尽量少的时间内，通过有规律的转场而把畜群放在生态系统的能源输出口——青草地上，从而达到以较大的活动空间来换取

植被系统自我修复所需时间的目的。游牧民们对于畜养动物也怀着深情厚谊，他们除了食肉寝皮外，还可以挤畜奶、剪羊毛，促进畜群繁殖。这种对畜群的高度综合利用，是对生态资源的简约化利用方式，也是对生态文化的一种贡献。

诚然，生态意识是一种危机意识。北方草原的生态状况日益受到干旱和沙化的侵袭，漫长的严寒冬季和永不间断的狂风，构成了近乎残酷的生活现实。这就迫使北方马背民族较早地产生出朦胧的生态意识。他们对绿色的向往和对生命适宜的美好理想，是形成马背民族生态文化的最基础条件。因此，生态文化不能不从草原文化中去寻找那仍然弥漫的认识体系，那仍然弥漫的信仰法则。他们把人看做是与自然融为一体的；他们以为自然是有生命的；他们用谦卑的态度来对待生命；他们热爱生命、亲近动物；他们为己生存，却对自然取之有道。

四

草原文化不仅是中华民族生存和发展的

文化植被，更是中华民族建设和发展的生态文化的一面重要的精神大旗。

自然的法则是不可改变的，企图改变或抗拒自然法则必然受到惩罚。

北非是人类文明的摇篮之一，尼罗河水孕育了光辉灿烂的埃及文明，巍峨耸立的金字塔、图腾卡蒙法老墓以及亚历山大灯塔为代表的埃及文化，达到了当时人类文明的巅峰。埃及文明的创造者绝没有想到，他们留给子孙后代的遗产，除了古老的文明之外，还有现今百分之九十完全沙漠化了的土地。人类文明另一个策源地美索不达米亚，经历了同样的遭遇。苏美尔、亚述、阿卡德和巴比伦人，相继在公元前创造了高度发达的城市文明。然而，这些古老文明的发祥地，如今却是盐碱泛滥、流沙纵横的不毛之地。

同样的悲剧也发生在中国西部的塔里木盆地。张骞出使西域时（公元前139年），塔里木盆地还是一派"天苍苍，野茫茫，风吹草低见牛羊"的绿洲世界。当时，塔里木盆地及周边地区的沙漠绿洲上，一共有三十六个繁华的城邦国家，史称"西域三十六国"。丝绸之路开通后，国际贸易和东西方文化艺术交流与日俱增，

给这些绿洲王国的经济生活带来空前繁荣，塔里木盆地的居民得以广泛吸收东西方各国、各民族优秀文化，创造了高度发达的古代文明——西域文明。然而，具有千年文明史的绿洲王国相继被沙漠无情地吞噬，丝绸之路的国际贸易后来不得不改由海路进行。

一个具有数百年文明史的楼兰王国不复存在了；一个融会东西方文化精华而形成的楼兰艺术绝迹了；一个充满诗情画意的绿洲变成了贫瘠的荒漠；一个曾经与我们荣辱与共的古民族消失了。这里讲述的是一个完全真实的故事，既不夸张，亦无编造，只是缺少细节。

然而，中国的植被还维持着13亿人口的生存。中国的农耕文化能够历经几千年维持和发展至今，主要得益于蒙古高原的绿色生态屏障的保护。这是爱护草原、珍惜生命、与自然和谐相处的游牧文化和包括蒙古民族在内的各游牧民族智慧的结晶。他们不但保护了草原，而且保护了生物的多样性。因为，草原是游牧文化的物质基础。失去了草原，游牧文化便要消亡；失去了生物的多样性，就会破坏生态系统的平衡，就会导致整个生态系统受到严重影响，甚至会全面崩溃。我国著名人类学家和社会学家费孝通先生，曾对草原

● 楼兰遗址——一个充满诗情画意的绿洲变成了荒漠。

文化和游牧民族的功绩予以高度评价。

由于气候变化和人口增长等多方面的原因，蒙古高原出现了沙尘暴。

2002年春天，费孝通先生在北京经受了来自北方的沙尘暴，他说："我活到90多岁后，才开始受到这切身经历中最恶劣的天气。"他认为，沙尘暴是大自然对人类企图征服自然的反抗，因为在现代人类主流文化即西方文化中存在着人与自然对立的倾向，其文化价值把征服自然、人定胜天视做科学的目的和人的奋斗目标。西方文化中将人和自然相对立的根源是利己主义，认为人是宇宙的主体，自然是主体支配的客体。在中国文化中，"己"是应当"克"的，克己才能复礼，复

● 沙尘暴

礼是取得进入社会、成为社会人的必要条件。扬己和克己，已是东西方文化差别的一个关键。

克己就是遏止人类无止境的欲望，给后辈儿孙留下一些资源，让生态环境有自我恢复的机会；同时，也能够容忍不同文化价值的并存、不悖。扬己的实质是人类中心主义，它会恶化人与自然的关系；扬己同时又是本位主义，不能包容其他文化的并存，这必然会导致文化之间的相互冲撞和人类之间的互相残杀——"9·11"事件就是典型的案例。

费孝通先生曾多次到内蒙古深入基层进行调查研究，他从鄂伦春微型文化的缩影中认识和反思了人类的整体文化，认为人类应该摆脱人类中心主义，与大自然和谐相处；摆脱本位中心主义，坚持文化公平，多元并存，寻求不同文化类型和平共处的途径；各美其美，美人之美，从而实现世界大同。所有这些，都体现出他对人类命运的关怀。

草是草原的根本，是马背民族和草原文化的根本，也是人类赖以生存和发展的生态系统的基础与关键环节。没有了草，破坏了草原，以上所说的一切都会消失。

著名历史学家翦伯赞在一首诗中曾写道"久矣羲皇成邃古，天留草昧纪洪荒"。草是地球的面容，也是历史的年轮。它记载着人和自然的相依相存，也记载着自然和人的相生相克。

有人认为只有牛羊才吃草，其实人也吃草，并从吃草开始告别蒙昧。古籍中记载："神农尝百草，而后知五谷可食。一日七毒，茶解之。"吃五谷、饮香茶，均由吃草演化、驯化而来。没有对草的依赖，就没有我们中华民族的文明进化。

中国古代帝王得民心以治天下的标准之一，居然是"谨守其山林菹泽草莱"（《管子》）。早在夏禹时代，就出现了保护草木的法规。《逸周书》就记载着："禹之禁，春之月山林不登斧，以成草木之长。"秦始皇东巡泰山，发布过"无伐草木"、保护环境的手谕。为什么？"孟春之月，盛德在月"。《礼记》中说得好，爱草木，惜砍伐，早春抓起，不可懈怠，乃帝王"盛德"的应有之义。中国人对世界的一大贡献是由懂得草的生长规律，引申出中华草文化和中华草哲理："离离原上草，一岁一枯荣。野火烧不尽，春风吹又生"；"慈母手中线，游子身上衣。谁言寸草心，报得三春晖"。

一部草原文化史，就是一部多民族互相交融、共同进步的历史，是多种文化在草原地区相互叠压、相互影响、相互渗透，并创造出新的更加辉煌文明的历史。其

中，北方草原民族文化不断地与中原农耕文化相碰撞、相交流、相融合，既改造与促进了北方民族的物质文明与精神文明的迅速发展，也给中华文明注入了新的血液，使中华文化不断获得生机活力，从而更加多彩多姿。

因此，草原文化不仅是中华民族生存和发展的文化植被，更是中华民族建设和发展的生态文化的一面重要的精神大旗。

如今，人类正处在新千年的开头。中华民族奋发图强的进取精神，使我们迈向现代化的潮流势不可挡。理性地思索生态规律在现代化建设中的地位和作用，从马背民族和草原文化的生态魂中，我们应得到什么样的启迪，是极其重要的。借鉴西方先进成果但又避免生态灾难的优于西方的进向和路径，无疑是正确的选择。党中央提出科学发展观和建设和谐社会，是解决这个问题的根本理论和方向指针。

让我们从马背民族和草原文化中，汲取广泛的生态营养，接受丰富的生态智慧，在建设祖国北方的绿色生态屏障中，培育和建设新时期的生态道德，进而为落实科学发展观和构建和谐社会，做出更大的贡献。

主要参考书目

1. 廖国强、何明、袁国友著:《中国少数民族生态文化研究》,云南人民出版社2006年版。

2. 江帆著:《生态民俗学》,黑龙江人民出版社2003年版。

3. 邢莉著:《游牧中国》,新世界出版社2006年版。

4. 葛根高娃、乌云巴图著:《蒙古民族的生态文化》,内蒙古教育出版社2004年版。

5. 安歌著:《草原上的毡房》,河北教育出版社2005年版。

6. 内蒙古社科院文学研究所《蒙古族文学史》编写组编:《蒙古族文学史》,内蒙古人民出版社2000年版。

7. 杨·道尔吉编著:《鄂尔多斯风俗录》,内蒙古大学出版社1993年版。

8.李宝祥主编:《草原艺术论》,内蒙古文化出版社2004年版。

9.孟驰北著:《草原文化与人类历史》,国际文化出版公司2002年版。

10.郭雨桥著:《蒙古通》,作家出版社1999年版。

后　记

　　蓝蓝的天上白云飘，白云下面马儿跑。几千年来，马背民族与蓝天白云、草原羊群为伴，形成了与农耕民族不同的文化传统和生活智慧。"父亲曾经形容草原的清香，让他在天涯海角也从不能相忘。母亲总爱描摹那大河浩荡，奔流在蒙古高原我遥远的家乡……"马背民族对于大自然的这一份情感，就是这样心心相印、代代相传的。

　　我常想，处理好人和环境的关系，需要人类的智慧，更需要人类发自内心的对大自然的情感和热爱，需要一种文化力量的支撑。马背民族的文化，是真正把他们的祖先，把他们的敬畏，把他们的情爱，同他们身边的大自然紧密地联系在一起了。希望我写下的这些文字，能够让更多的人了解马背民族同大自然相依相伴的文化。是他们的情感和智慧，保护了蒙古高原的绿色屏障，使得几千年的中华文明能延续至今。如今，在落实科学发展观和构建社会主义和谐社会的进程中，草原文化无疑

会给我们提供许多宝贵的借鉴和有益的启示。

在内蒙，与马背民族朋友们的豪放歌声、甘醇美酒相伴，我工作和生活了近半个世纪。这本书可以说是对那段难忘生活的一个纪念。我衷心祝愿在那片美丽的草原上，辽阔的蓝天下，各民族兄弟能够一如既往地互相借鉴彼此的长处，共同建设和谐美好的家园。

在本书成书的过程中，有幸得到内蒙古大学人文学院李为民教授、内蒙古中华文化学院杨·道尔吉副院长、中国农业大学邓昌旺博士、中国《职大学报》主编周秉高教授、内蒙古日报社高级记者王然彤等许多同志的帮助。还应提到的是内蒙古人民出版社《潮洛濛》杂志编辑部的哈斯毕力格同志，他为本书搜集提供了许多珍贵的图片。在此，一并表示对他们诚挚的感谢！

陈寿朋

2007 年 2 月 26 日

附录

构筑全民心灵生态屏障

——记中国生态道德教育促进会会长陈寿朋教授

《人民日报》记者　赵永新

草原是他的情思，他的爱恋，他的图腾。因着绿绿的大草原，他把人生最蓬勃的年华献给了内蒙古高原。40多年来，这位德高望重的学者，为着绿色的信念，用激情与忠诚，把炽烈深沉的爱播洒在马头琴吟唱的苍茫大地。

盛夏时节，他不顾年事已高，依然冒着高温酷暑，不知疲倦地为生态保护的百年大计奔走筹谋。在他的发起倡议下，第一个旨在构筑国民心灵生态屏障的全国性环保社团——中国生态道德教育促进会，日前在北京宣告成立。

这位执著前行的学者，就是我国生态道德教育的首倡者，第八、九、十届全国人大代表，中国生态道德教育促进会会长陈寿朋教授。

妙手著文章，铁肩担道义

草原的深情呼唤，使这位享有盛誉的高尔基研究专家在桑榆之年走出书斋，走向风沙扑面的草原大漠

生于苏中知识分子家庭的陈寿朋，17岁那年参加了解放军渡江战役。在横渡长江的前夜，他读到了高尔基的《海燕》，禁不住心潮浮荡，从此与高尔基结下了毕生之缘。20世纪60年代，他到内蒙古支边任教，先后在内蒙古大学、包头师范专科高等学校、内蒙古教育学院等高校担任系主任、校长、院长。他在高尔基研究的沃土中勤奋耕耘，先后出版了《高尔基美学思想研究》、《高尔基创作研究》等多部专著，并翻译了《论高尔基创作》等作品，成为高尔基研究的资深专家、享受国务院政府特殊津贴的知名教授，蜚声海内外，桃李满天下。

学术研究和教书育人上的丰硕成果并未让陈先生就此陶醉。大半生的塞外生涯，令他像热爱自己的故乡一样挚爱着内蒙古大草原。如今，草原上日益显露出的生态危机让他忧心如焚。自1993年当选第八届全国人大代表并被任命为全国人大教科文卫委员会委员之后，他开始把目光从校园转向更为广阔的原野。

他风尘仆仆地走向草原，踏遍了内蒙古的四大沙区。在那里，他与当地的党政干部和农牧民群众促膝交谈、询古问今。所见所闻，增强了陈先生的紧迫感和使命感，他从心底疾呼：保护草原，返璞归真！

怎能忘，这里曾经是"天苍苍、野茫茫，风吹草低见牛羊"的原野。草原面积广阔的内蒙古本应是我国北方的绿色屏障，但长期不合理的生产活动，加之气候的变化，却使内蒙古的生态环境持续恶化，成为全国土地荒漠化最严重的省区之一。

"我们再也不能无视自然规律，盲目地向大自然索取了，必须遏制人为的破坏，善待草原，反哺自然。"保护草原生态、重铸祖国的生态屏障，成为陈先生新的奋斗目标和痴心不改的追求。

探生态失衡症结，筑心灵生态防线

他瞄准公民生态道德缺失这一空白点，率先倡导生态道德教育全新理念，不遗余力地扎实推进

怎样才能从根本上减少人类活动对自然的破坏，走出边治理、边流失的怪圈，更有效地维护生态系统的平衡，促进人与自然之间的和谐？

经过多年的冷静思索，陈寿朋敏锐地切准了问题

的症结所在——国民生态道德的缺失。

"千百年来,我们一直强调人与人、人与社会的道德约束,却对人类赖以生存、发展的大自然视而不见,忽视了人与自然和谐相处的道德规范;法、德相辅相成、互为依托,如果没有深厚的道德素养为基础,再严格的法律也会打折扣。"陈先生认为,"只有在国人心中构筑起心灵的生态防线,把习惯号令自然、改造自然的'主人'变为善待自然、与自然和谐相处的朋友,补上生态道德教育这一课,才能从根本上解决生态危机。"

由此,陈先生率先提出了生态道德教育这一全新的课题,并竭力付诸行动——

2001 年 7 月,在他的倡议下,以推广生态道德理念、加强自然环境保护教育为宗旨的内蒙古沙尘暴研究治理促进会成立;

2002 年 3 月 7 日,在九届全国人大五次会议上,他郑重呼吁:"生态道德教育要从娃娃抓起",激起了与会代表的一致响应;

同年 10 月 21 日,由他策划、主编的《中小学生态道德教育读本》首发式举行,并进入成千上万个中小学课堂;

同年 11 月,"百年树人"杯生态道德教育征文活动启动，引起社会各界的普遍关注和踊跃参与；

之后，分别在内蒙古包头市、鄂尔多斯市建成了青少年生态道德教育基地，使生态道德的种子在无数幼小的心田里开花结果……

陈先生用稳健的步伐诠释着保护生态的要义，以学者的缜密构筑生态道德教育的科学高地。伴着高原的满天星辰，他引领同仁潜心于生态道德理论研究，组织专门课题组编写了《生态文明建设论》《生态文化建设论》两本专著；他本人撰写的论文《生态道德建设浅议》于《求是》杂志发表后，在知识界、理论界产生了很大反响。

令陈先生深感欣慰的是，经过多年的不懈努力，"生态道德教育"已成为近年来的高频词，并进入生态保护的主战场：2003年6月，《中共中央国务院关于加快林业发展的决定》正式提出："加强林业法制教育和生态道德教育"……

草原连天碧，长存化诗行

为推进生态道德教育广泛展开，他发起成立中国生态道德教育促进会，开始了新的绿色远征

2005年1月，他荣膺"2004年中国十大系列英才"

称号，被誉为"中国生态道德教育理论奠基人"。

壮心不已的陈先生深知，这不仅是对他本人的褒奖，更是对生态道德教育这一事业的认可。他深切地意识到，在全国大力弘扬生态道德，使之成为公民道德教育的重要内容，既是保护生态环境的关键所在，也是落实科学发展观、构建社会主义和谐社会的题中之义。

根深叶方茂，本固业必兴——这是陈先生的由衷感悟。他知道，生态道德教育在全国才刚刚起步，构建一个全国性的平台势在必行。为此，他产生了成立中国生态道德教育促进会的构想。民政部于今年5月批准了相关申请报告。

在6月18日举行的中国生态道德教育促进会第一次会员代表大会上，陈先生郑重宣读了促进会的宗旨：开展生态道德教育，普及生态道德研究成果，加强生态道德建设，维护生态安全，以达到人与自然和谐共处之目的。

千里之行，始于足下。他介绍说，今后促进会将脚踏实地，全力推进三项任务——

一是发挥促进会功能，把生态道德教育引向深入。加强生态道德意识教育、规范教育、法制教育；深化理论研究工作，为生态道德教育提供理论指导和智力支持；

策　　划: 孙兴民
责任编辑: 孙兴民
装帧设计: 肖　辉
责任校对: 吴海平

图书在版编目(CIP)数据

草原文化的生态魂 / 陈寿朋 著.
－北京:人民出版社，2007.3
ISBN 978-7-01-004449-1

Ⅰ.草…　Ⅱ.陈…　Ⅲ.草原保护—生态环境—研究—中国
Ⅳ.S812.6

中国版本图书馆 CIP 数据核字(2007)第 026678 号

草 原 文 化 的 生 态 魂

CAOYUAN WENHUA DE SHENGTAI HUN

陈寿朋　著

人民出版社 出版发行

(100706　北京朝阳门内大街166号)

北京中文天地文化艺术有限公司排版

保定市北方胶印有限公司印刷　新华书店经销
2007 年 3 月第 1 版　2007 年 3 月北京第 1 次印刷
开本: 635 毫米 × 965 毫米　1/16　印张: 15.875
字数: 78 千字　印数: 0,001-32,000 册
ISBN 978-7-01-004449-1　定价: 45.00 元

邮购地址 100706　北京朝阳门内大街 166 号
人民东方图书销售中心　电话（010）65250042　65289539